帶領遠端團隊

跨國、在家工作、自由接案時代的卓越成就法則

The Long-Distance Leader

Rules for Remarkable Remote Leadership

凱文・艾肯貝瑞 Kevin Eikenberry、韋恩・杜美 Wayne Turmel 著
陳映廷、陳依萍 譯

各界盛讚

▼遠距團隊與遠距工作，除了考驗領導者的智慧，也考驗工作者的自我管理能力，本書提供的作法與觀點，可作為遠距工作者借鏡與參考。**人資阿姐**

▼時代的巨輪把人類社會的勞動模式推進到了另外一個層次，遠距協作也將越來越頻繁地出現在我們的工作當中，這本書從各個角度提供了非常多實務上的經驗及技巧，讓你我都可以為這種新形態的工作模式做好準備！**王祥宇／SLASIFY創辦人兼執行長**

▼遠距工作成效取決於主管領導力、團隊成員的紀律，以及雙方信賴度；從面對面溝通，到遠端的進度彙報，每位遠距工作者必須有效運用工具，做好時間、目標管理。本書詳列遠距工作不同模式，相關遵守準則；說明主管如何養成遠端領導力、溝通力、協調力，如何有效協助團隊，達成工作目標。

如果你有志成為遠距工作者，或公司即將階段性實行遠距工作模式，本書是一本非常實用的遠距工作指南。**王淑華（小黛）／104人力銀行職涯規劃諮詢師、專欄作家**

▼二十一世紀的領導一定要看的書。當主管不是領導，要讓人願意跟隨，一起邁向共同期望的成果才是真領導。只要心中有團隊，你會發現遠距的所有困擾都是假議題。**白慧蘭／台灣微軟消費通路事業群資深行銷協理／工作生活家社群主理人**

▼如何有效帶領遠距團隊已成為Working From Home（在家辦公）的熱門議題，當我們在談遠距團隊的建立與管理，或許成功關鍵並不一定在於相應而生的管理制度、工具資源，而是營造成員間的「信任感」。

因為，團隊夥伴的「信任感」在遠端工作時，顯得比在辦公室工作還要重要許多，但過去在這部份的管理實踐，我們談的與作的都不夠多。

推薦重視團隊信任感的經理人，可以仔細閱讀書中闡述「如何建立遠端互信關係」的部份。作者提供了實用內容與練習實踐的管理法則，幫助管理者思考如何促進遠端成員參與並帶領團隊創造績效。**楊琮熙／人資主管UP學部落客、影響力教練**

▼突然來臨的疫情，導致很多公司需要在短期間內快速調整公司文化和制度，這本書就像一盞明燈一樣，替大家指引前進的方向。**劉艾霖／「遠距工作者在台灣」社團創辦人**

▼遠距工作者的產能會是正十倍或負十倍，得看領導人是誰。以前的管理書可能都沒用了，只需這本書，你可以組一支集全球才華的夢幻團隊為公司效力！**Mr. 6 劉威麟／網路趨勢觀察家**

▼臉書將有半數員工，永遠在家工作，這將永遠改變商業文明、城市定義、與生活方式。本書提供了帶領遠端工作團隊的關鍵應用模型，實在太重要了。**盧希鵬／台灣科技大學資訊管理系專任特聘教授**

▼身為跨國企業管理者，永遠要記得，領導力勝過管理工具。成功的遠距工作團隊，靠信任釋放潛能，勿讓不安全感導致掌控文化。**鍾冠智／Atlassian 大中華區負責人**

▼在二十一世紀這個越來越複雜的世界裡，想要產生影響力的企業人，都將能從本書裡的智慧與原則獲益。**Doug Conant, ConantLeadership Chairman創辦人，西北大學凱洛格領袖機構（Kellogg Executive Leadership Institute）創辦人，雅芳（Avon Products）前總裁，康寶濃湯（Campbell Soup Company）前總裁**

▼我鼓勵大家研讀裡面的十九個法則，練習書中的實務習題，讓你成為有效的遠距工作領導人。本書提供了一個堅實的基礎，讓讀者瞭解不同情境下的遠距團隊領導與經營法則。書內到處有寶物，讓你不再困惑於遠距工作的經營。作者個人的經驗特別值得參考。**David Zinger Employee Engagement Network創辦人**

▼最迫切需要的時機，出現了這本最棒的書。我們的環境隨時在變，本書可以幫助你領導、信任一群偉大的成員，一起成就大事。**Ann Andrews, Lessons in Leadership作者**

▼關於遠距工作團隊最棒的指引！取材自真實的遠端工作經驗，書中的十九條規則可以幫助我們度過眼前最大的挑戰。書中介紹了可用的科技，有效的遠距團隊教練，如

何達成目標，以及建立團隊信任。如果你還沒開始遠距工作，請把這本書準備好，隨時會用到。**Jim Kouzes，加州聖塔芭芭拉大學商學院教授，The Leadership Challenge and Dean's Executive Fellow of Leadership作者**

▼我與團隊領導者做討論的時候，一定把這本書列為必讀。參與討論的人，他們在團隊的影響力與成果表現，都大大提升——即使他們每年只與老闆見一次面！我們每個人都該知道，今天職場上我們就需要這樣的技能。**Alicia Davis, Dell企業，全球財經學習與發展（Global Finance Learning and Development）主任**

▼遠距工作，使得團隊經營與領導更加複雜。本書的實用內容，賦予讀者在遠距工作時的成功技能。許多團隊的溝通不良，遠距工作時更糟糕。書中的工具可以幫助你解決問題，成為更有效的領導者，具備競爭的優勢。**Marcie Van Note, Mount Mercy大學MBA學程主任**

▼面對日益強大的遠距工作挑戰，每個團隊成員都需要這本書。內容周詳，且有實用的指引。**David Ralston，美國陸軍退役少將**

推薦序

從建立對在家工作／遠端團隊管理的正確觀念開始

蘭堉生／敏健人資整合服務總顧問

最近因新冠病毒的影響與衝擊，部分歐美國家領導人在初期對防疫的輕忽，最終在迫不得已下，除採取耳熟能詳的維持社交距離政策外，更導入不同激烈程度的「封城」措施。全世界也因此首度實施這麼大規模的在家工作實驗。

台灣的防疫措施有效，病毒傳染得到適當的控制，所以真正全面在家工作（WFH-Work From Home）的企業為數不多，絕大多數上班族並未真正體驗長期的在家工作。

對於遠端工作的誤解

因為生活周遭有許多上班族，我聽聞了不少人對「在家工作」的偏差看法。這些看法大致可分為兩類：

一、極力爭取在家工作：降低病毒感染風險只是表面上的藉口，心裡想的卻是不用早起趕捷運、趕公車，獲得更多在家「混」的自由。其實這是極不健康的想法，不過「人不自私，天誅地滅」，有這種想法倒也無可厚非。

二、把在家工作侷限在工具層次：例如團隊溝通工具ZOOM的風起雲湧、雲端資料庫的資料分享與資安管控等等，皆自科技層次出發；有些人以為只要有了科技工具的配合，在家工作即可水到渠成，順利推動與實施。至於對人性層面因素的考量，則完全付之闕如。

在家工作的極致巔峰挑戰

對我而言，**主管的團隊管理，與團隊成員間能否做好應有的溝通協調合作，才是在家工作的極致巔峰挑戰**。多數人認為團隊管理與溝通協調是順理成章的事，但，事實上是否真的如此順遂？甚至，身為領導者的當事人也未必完全理解這一點。

坦白說，遠端工作過去是一個被疏忽的主題。大多數人僅只是從文字表面加以解讀，並未理解在實務上成功實施的精義。

這本書從實務管理的角度，提醒團隊領導者、甚至企業高階決策主管，實施在家工作政策必須注意到的重點；更重要的則是貫穿全篇的十九條法則。

其次，作者從領導的概念為起點切入主題，我完全同意。因為，**團隊領導才是在家工作的核心**。我們可以試想：團隊無法帶好，是誰的責任？

最精彩的是，本篇以一個針對超過兩百位真正有遠端團隊領導經驗的主管為調查對象的簡單統計開始。書中內容不是一般人對在家工作的憑空想像、隔靴搔癢而已，而是分析在家工作主管實際的工作管理經歷，解析他們遭遇了哪些真實的問題。

部屬與團隊每天出現眼前，都無法有效領導，遑論遠端管理？

在台灣的企業中多數主管，或因領導意識偏弱，或是領導管理技能不足，常造成團隊鬆散、士氣低落、執行力不足等現象。正常狀態下，當部屬與團隊每天都出現在主管的面前或四周，上述團隊士氣與效率低落現象都還層出不窮，你能想像所有的團隊領導問題，會隨著在家工作迎刃而解？還是會每下愈況？

我衷心期待、台灣可以福星高照永遠不用面臨武漢封城式的受迫「在家工作」噩夢來臨。但是，不論從社會趨勢而言，或是未雨綢繆的風險管理，甚至是不得已的危機應變角度來看，企業經營者與所有主管，都必須預做在家工作的心理與實體準備。

我誠懇推薦此書，希望讀者能夠藉由此書的提醒，與領導管理技巧的實務應用，帶來卓越的遠端團隊領導！

推薦序

遠端工作時，上司巴不得監控你的一舉一動？

劉艾霖／「遠距工作者在台灣」社團創辦人

踏入社會起步的前半段時間，我跟多數人一樣，約有五年的時間，每天進入固定的辦公室場所工作。但經過審慎的思考後，刻意將自己的工作模式轉變以遠距為主，並致力於在台灣推廣遠距工作模式。

時間過得很快，今年剛好是我轉變工作模式滿第五年，這讓我有機會深刻的體悟到兩者之間的巨大差異。

本書提到的「遠距工作信任感，不會偶然出現」，我對於這句話有很大的共鳴。我在已經有五年工作經驗之後，才開始我的第一份遠距工作，應該算是一位具有相當成熟的工作技能與瞭解職場生態的工作者，但即使如此一開始的轉變，還是讓我吃足了苦頭，特別在於信任的部分。

我的人格特質跟工作能力，通常可以讓每任主管給我很大的自由空間，但在剛開始遠距的初期，我就強烈的感受到了主管似乎很希望瞭解我所有的工作細節，甚至可以感覺到他巴不得監控你一舉一動，這樣的感受是我在辦公室時期從來沒有經歷過的，當時的我只是認為可能是多數的管理者並沒有實際管理遠距工作者的經驗，所以他們只好倚賴著習慣的領導模式帶領團隊。

作者提到會發生這樣的原因，其實是因為遠距工作後，領導者缺乏其他客觀觀察條件，例如成員是否每天準時上下班，是否在開會時抄筆記等等，因為缺乏足夠的資訊，才產生信任問題。當時我為了解決這個問題可費盡心力，從多本談論「向上管理」的書取經，才順利取得他的信任。但我的方式只適用於一對一的情況。而本書提到的運用「看見」、「被看見」、「保持透明度」的方式，似乎更適合處理群體發生的問題，我也試著把這樣的觀念帶入我現在帶領的團隊中，來降低團隊成員彼此間的摩擦。

作者具有豐富的遠距團隊領導經驗，他要告訴你的觀念相當多，但有些內容是需要你經歷過才有辦法內化的，因此我建議你在閱讀時，可以先看實際符合你團隊發生狀況的部分。每個章節都有動動腦的練習題，不妨先挑一個章節，利用 Team Building 的時間，帶著你的團隊成員實際練習看看，你可能會很訝異大家的觀念差異是如此的不同，試著解決這些差異，你將可以有更多收穫。

本書提到的卓越遠端工作團隊的十九個法則，好幾項與我實際踩雷的經驗不謀而合，不僅寫到了痛點，也精準地提出了解法。相信你讀完這本書後，它可以讓你少走些冤枉路，並在建立與領導團隊上順利轉型成功。

推薦序

遠端工作管理的航海守則

葉濬慈Andrew Yeh／Remote Taiwan遠距工作社群召集人

領導與管理是長久以來大家皆關注的議題，但在市場與環境越加變動的情況之下，遠端團隊的趨勢已是常態。歐美在遠端工作的議題上已進展多年，但在今年疫情爆發後，幾乎多數企業皆需要面臨遠距工作的考驗。

而在遠端模式之下，領導管理階層進入了不同的挑戰。在這挑戰中你將遇到：資歷深的管理者，不等於在管理上會更加輕鬆；需要更快、更明確地操作工具輔助解決問題；新興的工作者更著重個人需求與發展；職場前輩可能還沒像新興工作者更熟悉遠端工作模式……等等。在這新拓展的領域中，一切都還在摸索狀態。

本書除了提出十九條基本原則，作為初探遠端工作管理的航海守則，同時也確切提點需要注意的小細節。這些細節與提問皆顯示，身為一個遠端領導者，要與所有團隊成員打好關係變得比過去更加困難，但也變得比過去更加重要。

而團隊的關係與焦點轉變為側重個別任務與貢獻，也讓管理者更需關注團隊成員發展、理解個人需求並且提出雙方確切的期望。

不管是資深管理者亦或是初進入遠端工作的僱員，相信都能在這本書中獲得溝通上的方法與技巧。同時書中也提出理論架構，協助快速理解，並方便導入團隊中應用。

除了理論之外，書中的案例分享，可幫助想像遠端工作模式將會遭遇到的問題與困境，實戰技巧也可逐一解決痛點，並提供更多延伸的思考方向。

無論是新入職場者或資深領導者，勢必都能在本書中，鍛鍊出遠端工作管理的個人心法與技巧，整體來說相當實用。

目次

目次

目次

帶領一個卓越遠端工作團隊的19個法則

法則1：先考慮帶領團隊這件事，再考慮地點。

法則2：帶領一個遠端工作團隊，需要不同的作法。請接受這個事實。

法則3：不管你喜不喜歡，遠端工作模式已改變了人際互動模式。

法則4：科技是要拿來善用的工具，不是藉口或阻礙。

法則5：領導者要兼顧工作成效、他人，還有自己。

法則6：成功的領導，必須要能達成各種不同類型的目標。

法則7：不僅要設立目標，也要好好實踐。

法則8：無論成員在哪，都要指導團隊有效運作。

法則9：採用最適合他人的溝通方式，而不是選擇自己偏好的方式。

法則10：成功的領導者不只需要瞭解他人在做什麼，還要知道他們在想什麼。

法則11：在遠端工作模式中的信任感，不會偶然出現。

法則12：決定想要的領導結果，接著選擇可以達成目標的溝通工具。

法則13：工具效用盡量極大化，以免工具效益最小化。

法則14：尋求意見回饋來加強成果，並且嘉惠他人還有自己

法則15：檢視你的信念和你的自我對話，因為這兩件事就是你領導模式的根據。

法則16：接受自己無法一手包辦所有工作的事實，而且本來就不該這樣。

法則17：為了當一個優秀的遠端工作領導者，請讓你的優先順序取得平衡。

法則18：你的領導力培訓，必須要能夠打造出遠端工作模式的即戰力。

法則19：當一切都不管用時，牢記法則1吧。

前言

帶領遠端團隊的原則

先定好原則，再開始採取行動。

塔德．史托克（Todd Stocker），牧師兼講者

有句話說，最佳的起點，就是一開始。本書一開始就單刀直入告訴你重點。我們在書中最重要的前提就是：

從遠端帶領一個團隊，首重「領導力」本身。領導的原則從未變動（原則就是恆定不動的），不同的是人們改在不同的地點、不同的時段工作。因為有了這些變化，如何在這個新時代採行歷久不衰的領導原則，對於在遠端工作的團隊成員，對於身為領導者的你，還有大家所屬的組織而言，都極為重要。

這本書不僅談原則，也談不容忽視的小地方。

在這個新世代，團隊成員的距離拉得更遠，所以領導者也必須要做一些調整（其實，不變的比改變的還要多）。本書將介紹重要的、不變的原則，並解說有哪些較小的地方改變了，讓讀者能區別這些差異。

以上就是前提。接著立即進入正題。首先我們釐清幾件事。

領導是什麼？

史上從來沒有一個時期像現在，大家都在討論「領導」這件事。我們必須交代一下脈絡，因為本書的英文書名就用了「領導」（leadership／lead）這個詞。

我們相信，當眾人選擇要跟隨某個人，邁向某個期望的成果，領導這件事才成立。

換句話說，要有跟隨的人，你做的事才能稱為領導。

以上短短幾句，表達了很多意思。我們先來分享一些領導相關的事實和常見的誤解，以便說得更清楚。

領導是一項複雜的任務

我們曾訪問美國太空總署（NASA）負責先進科技的科學家，問他究竟是尖端科技本身，還是領導這件事情，對他而言比較複雜。他回答：在複雜度上，領導難多了。製造火箭時，只要懂得運算公式和函式，就能得到確切的數據，只要在正確時機把正確數字套入正確公式（而且驗算沒出錯），就能得到正確答案。

但是，領導者要面對的是「人」，而人本身複雜度就很高，變數也更多，很少有確切的對與錯。領導並不容易，也不單純；就像尖端科技一樣，領導需要研究和磨練才能掌握，讓技巧更純熟。領導這件事本身就很複雜，加上被領導者分散在不同地點，讓事情變得難上加難。

我們曾訪問美國太空總署（NASA）負責先進科技的科學家，問他究竟是尖端科技本身，還是領導這件事情，對他而言比較複雜。他回答：在複雜度上，領導難多了。

領導是行動

領導常被用來指「職稱」或「人物」。字典裡把「領導力」（leadership）歸為名詞，但用來界定「領導力」的動作，則是動詞，英文叫leading／lead。「領導力」不是我們後天能獲得或者持有的東西，而是需要我們實際去「實踐」的行動。本書要探究的就是：哪些行動和行為有助你帶動團隊，特別是遠端連線的團隊？

如果領導是一種行動，表示它「不是頭銜或位階」。有人跟隨你行動，你就是領導者；沒人跟隨你，你就算不上領導者。職稱、辦公桌顏色或辦公室大小，都無法確保他人會乖乖跟著你採取行動。把「領導者」的頭銜給你，也不等於你就是真正的領導者；就像把獅子叫成斑馬，也不會讓牠長出黑白條紋。

你可能遇過一些光有領導之名卻沒領導之實的人。或者你認識有些人雖然沒有或不想要領導職位，但大家還是願意跟隨他。領導者必備的條件是實際行動，而不是表面上的頭銜。

領導是責任

自願接任或獲派擔任某個領導職位時，你同時也承接了重大責任。如果你的頭銜是總裁、首席執行官或企業老闆，這點自然是不言而喻。不過基層領導者也有重責大任。可以這麼想：你這個上司就是員工生活中最有影響力的人（除了他們最親近的親朋好友之外）。你能影響到他的薪酬、工作環境（就算你們不在同一個空間上班）、感受到的壓力、在工作上獲得的滿足感，還有其他大小事。

眾人仰賴著你。當你領導他們，他們就是「跟隨」著你，於是你必須管好自己、管好個人績效，以及管好其他各種額外的責任。你必須確保自己引領的方向能發揮實質效用。就算你想撇除這個責任，也改變不了你所處職位的重要性。

雖然領導是責任，但不表示能夠「把持權力」。光是自己心裡渴望，並無法迫使他人賦予你「權力」，而是要透過不斷費心服務他人的行動，才能讓你握有實際的權力。如果你只想把持權力或表彰自己的權威，那就不算領導。

領導是機會

若沒有適當的領導，任何好事情都沒辦法達成。如果有機會能帶來改變，這是很重大、很令人興奮的情況，不論你想改變的是團隊、客戶以至於整個組織，還是居住和工作的所在地，又或是全世界，全都需要領導。

當你展現出領導的行為，等於你正在主動創造新成果，替世界帶來改變。這麼好的機會，很少有其他事情能夠匹敵。別忘記，你有機會帶來改變。我們寫這本書的原因，就是要幫助你和遠端工作團隊共同創造改變。

領導不是天賦

並不是天生就註定好某些人能擁有領導技巧，其他人則不是領導的料。所有人都有獨特的 DNA 組成，能夠成為高效、卓越的領導者。有些人是否具備天生優勢，能成為優秀的領導者？是的。不過，你也有天生優勢。只是每個人的強項不一樣。但如果你沒有好好運用優勢，補強自己的不足處，則這些也全都是白搭。最可惜的就是潛力受到埋沒。對於成功的領導來說，天生基因好，遠不如後天學習和精進。

領導不等同管理

管理技巧強調的是「事」，包含流程、步驟、規劃、預算和預測；領導技巧著重的是「人」、眼界、影響力、導引方向和才能培養。這兩個類別都是寶貴的技巧，而且你需要同時具備以上技巧，才能有亮眼表現。我們不是要你忽略管理技巧，而是別忘了這本書講的是「帶領」遠端團隊，而不是「管理」團隊，所以全書的焦點是放在領導力上，兩者間有明顯差異，但也不是完全不同。我們可以把這兩類型的技巧視為兩個重疊的圓圈，如圖1所示。兩類技巧我們都需要，但很會領導的人不見得都是出色的管理人，反過來說也成立。

以下進一步說明領導者和管理者之間的差異：

管理技巧

- ■居中協調（coordinating）
- ■策畫事項（planning）
- ■預測（forecasting）
- ■編列預算（budgeting）
- ■策略採購（sourcing）

領導技巧

- ■與人協作（collaborating）
- ■當教練（coaching）
- ■導引（guiding）
- ■溝通（communicating）
- ■打造團隊（team building）

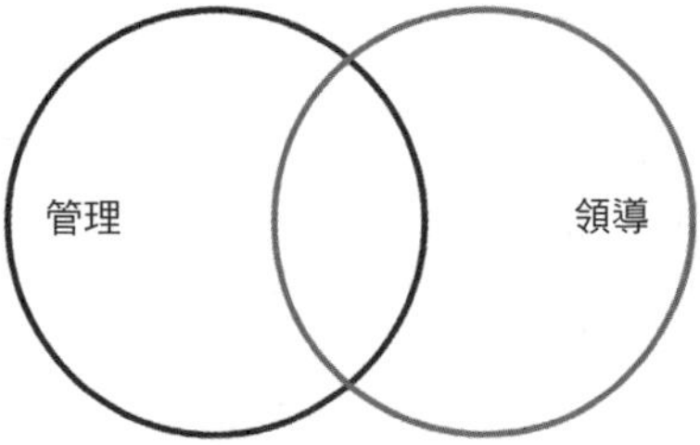

圖1　領導者角色的雙重責任

■主導計畫（directing）	■創造改變（creating change）
■維繫發展（maintaining）	■提供未來展望（providing vision）
■解決問題（problem solving）	■支持員工（supporting）
■訂立具體目標（setting objectives）	■鼓勵員工（encouraging）
■善於應變（being tactical）	■訂立總體目標（setting goals）
■就事論事（focusing on the business）	■善擬策略（being strategic）
■創造漸進成長（creating incremental improvement）	■適時出面干預（creating purposeful disruption）
■把事情做對（doing things right）	■去做對的事（doing the right things）
■注意細節（attending to details）	■思索並談論大局（thinking (and talking about) the big picture）
■著重流程（focusing on processes）	■著重人（focusing on people）

雖然以上並非完整的表列，但請注意，兩個種類所需的各個行為都很重要，而且若你能夠同時具備所有能力，就能有最佳表現。我們這裡分開列表的主要用意是強調兩者

在技巧上有所分別，稍後會再詳談表上的領導類技巧。

別忘了，本書講的是帶領團隊遠端工作，所以會討論一些關鍵的領導原則，來說明遠端領導情境必須做出的調整。

以上就是基本前提，接下來馬上就要進入正題了。首先要來介紹的是，遠端領導者到底是誰。

暫停一下，動動腦

▼你對領導這件事抱持什麼信念？

▼你在管理和領導兩類技巧的掌握狀況如何？

第一部

建立遠端工作團隊的第一步

第1章

遠端團隊領導者是誰：一個調查的結果

法則1：先考慮帶領團隊這件事，再考慮地點。

透過管理手段，無法讓人上戰場；只有事與物才能被管理，人是要用帶領的。
葛麗絲・霍普將軍（Admiral Grace Hopper），程式設計師

艾瑞克是個穩紮穩打的主管，率領的傳統團隊已運作五年。但最近他開始面臨有些成員每週有幾天WFH（在家工作）的情況。表面上看來一切都好好的，可是他覺得自己花了太多精力去擔心「未知的事、還沒發生的事」，害自己耽誤到正事。他越來越拿不定主意，也對自己的決策失去信心。他說：「目前還算好，但能維持到什麼時候？」

正在讀這本書的你，想必也認同「還好、不算太糟」的境界其實還不夠。領導這件事是要施展抱負；你想追求的不會只是平庸或一般般而已。你想要成為傑出的領導者，

且最好能夠大幅減輕目前的沉重壓力。

我們剛開始研究遠端團隊領導者日常會遭遇什麼挑戰的時候，其實心裡已經有個底——畢竟我們先前曾和數十間組織及上千人合作過。不過，我們還是想要把實際情況做個量化記錄，採用可量可測的資料，來驗證我們的預設。於是我們的「遠端領導研究調查」（Remote Leadership Survey）就這麼產生了。

二〇一七年，我們徵求超過兩百二十五名旗下有部分成員採取遠端工作模式的主管參與研究。[1]這個樣本數雖然不大，結果確實反映了我們每天聽聞的想法。我們發現，遠端領導者遇到的困境，和任何情境中的管理階層人員所遇的非常相似，且多數領導者表示，狀況還應付得過來，不算完美，但也還沒到天快要塌下來的地步。各種跡象顯示，隨著遠端兼差工作模式增加，越來越多公司開始使用遠端人力，我們所觀察到的問題，未來會越來越明顯。

調查研究凸顯了一個困境：人的距離越來越遠，於是人們開始想用科技來解決距離的問題。馬上你就會明白我在說什麼，而且我們的客戶每天碰到的情況，其實並不罕見。調查結果告訴我們，我們該做哪些事情，才能讓領導者迎接新的工作模式；以及我們需要培養什麼技巧，才能圓滿達成任務。

以下說明我們的分析結果。

調查對象基本資料分布

■**主管遍布不同產業和領域**。政府機關和銷售部門各占百分之十一至十二。而且有百分之四十八的受調查者屬於「其他產業類別」。這點很重要，表示遠端領導很常見，不限於特定產業或領域。

■**團隊規模正在改變**。所有受測對象當中，超過半數的主管帶領團隊人數為十人以上，百分之二十五的主管帶領二至四人，百分之二十一則帶領六至十人（如圖2）。跟在單一場域帶領部下的團隊相比，遠端團隊模式所要帶的平均

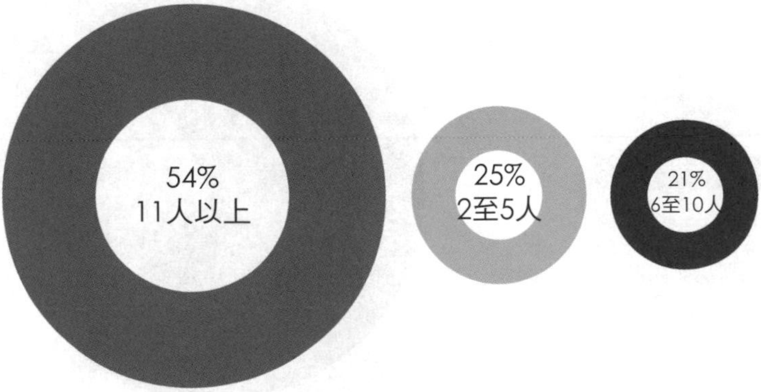

圖 2：遠端團隊規模

成員人數稍高，隱隱顯示出要管理的對象範圍越來越發散，使得遠端領導更加不容易。

■「遠端團隊」不表示每個人都在不同的位置工作

一般常以為工作模式要不就是完全從遠端進行（全體成員每個人散落在不同地方），要不然就是全員同在一處。其實，超過七成的領導者表示團隊是「混合型」，其中全時和非全時的遠端員工大約各占一半。另外百分之三十的領導者所帶領的團隊，才是完全或將近完全的遠端團隊（如圖3）。且這群遠端人力的增長速度非常快，如果現在不好好正視這趨勢，未來恐怕會吃大虧。

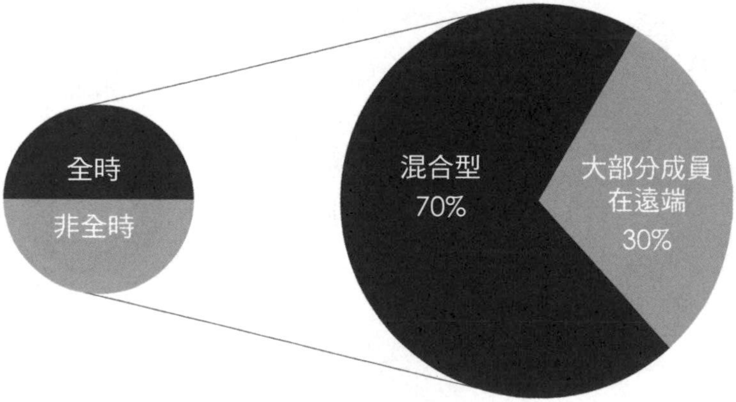

圖 3：團隊組成

■**年齡組成**。六成的受測者是男性，四成是女性，且都偏向資深的主管：百分之三十四的人年齡介於四十歲至四十九歲之間，百分之三十七的人年齡介於五十歲至五十九歲之間，還有高達百分之十九的人年齡超過六十歲——這點可以理解，因為接近八成的受測者已擔任主管一職至少八年。以上印證了一個重點：領導資歷長久，不等於轉換到遠端領導模式就會比較輕鬆。

實務狀況是這樣的

參與調查的資深主管來自各行各業，但針對「工作狀況如何」的提問，大家回覆結果竟然相當一致。以下舉幾個例子：

■超過半數的人表示自己的團隊「能完成任務」，另有百分之二十八的人表示團隊「效率高」。

■針對「工作產能在哪方面遇到挑戰」的提問，有一成的人表示問題出在遠端成員身上，百分之四認為問題「在辦公室的團隊」。七成的人說沒有特別規律，或是很難找出問題根源。

■信任感比較低落。雖然多數主管表示信任感（含主管和員工間，以及團隊成員彼此之間）還行，但信任方面出的狀況，多於其他問卷調查項目。大部份受測者表示信任感不至於太糟糕，但還是有待加強。

最大的疑慮

最後，我們詢問領導者面臨什麼樣的挑戰，發現遠端團隊領導者心中有四種最常見的疑惑，如圖4。

如果是「剛採行遠端工作」或是「傳統上信任感低落的單位或產業（例如強調控管的死板環境或政府機構）」的領導者，最常問的就是第一個問題，因為她們太在意「員工究竟在做什麼事情」。至於熟練的

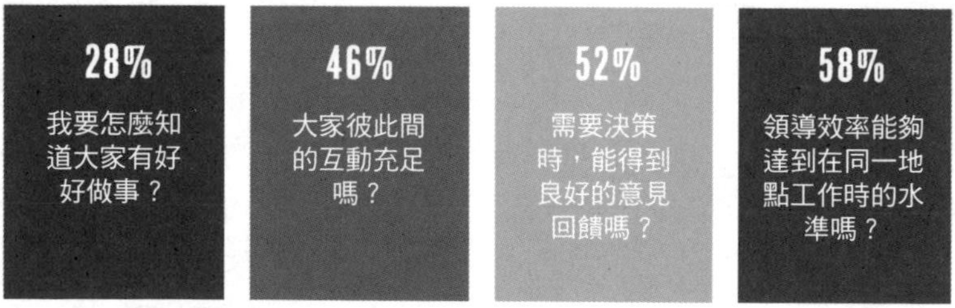

圖 4：最大的疑慮

遠端團隊領導者，擔心的則是後面三個問題，且這三個問題都與人有關。

大家在怕什麼？

乍看之下，一切狀況大致良好。資深主管對自己帶領的屬下評價還算正面，且任務也能完成，那還有什麼問題？但只要仔細觀察受測者所寫的評論，就會看到潛藏在這一片和諧底下的裂痕，這些裂痕恰恰反映出我們常聽到的疑慮。

■「人員遍佈全球，根本不可能『關機』。我一年到頭、每日每夜、無時不刻都要和人連線。」

■「我們開會效率不好。太多人中途離場或是缺席。」

■「遠端員工和辦公室員工之間有隔閡。」

■「每次發現參與度或績效出問題時，往往都已經太遲了。」

■「在既定的、排定好的工作事項上，表現很優異。但在發想新主意、處理突發狀況或推行新事物方面，會碰到各種問題。」

■「光要決定是先處理死線快到的事，還是處理重要性高的事，這個取捨本身就夠難的了，偏偏又不曉得其他人手邊正在優先處理哪些事。」

當然，以上還不是全部，之後會再陸續分享其他的評論和事例。但我們蒐集到的資料，告訴了我們以下重要的訊息。

■領導者為了在全新的遠端環境之下達成任務，只好延長自己的工時，賣力工作。他們想在虛擬世界裡成功，但他們只會硬幹，或者半用猜的。我們相信，一定有更好的做法。

■雖然許多組織已經開始規劃遠端工作（包含實施方法及建立支援措施），並且培訓遠端領導者，但計畫趕不上現實變化。領導者憑著直覺盡力去做，但無法從公司現行的培訓制度或整個商業文獻中找到所需的支持。

■領導者對自己信心不足。評論中不時出現「我實在沒把握……」或是「我怕會……」這種說法。這種不確定感會降低實際成效，也讓陌生的新工作景況充滿壓力。

- 資深領導者有時會遇到技術障礙。心理學家潔恩・圖溫吉（Jean Twenge）在書作《i世代》（iGen）當中提到，資深領導者習慣的工作模式，和當代的年輕族群很不同。[2]雖然當初使得這些領導者成功的因素，到今天依舊有作用，但他們和年輕、熟悉科技的員工溝通時，總有種卡卡的感覺。
- 新上任的領導者整體來說對科技順手，但缺乏基礎領導技巧。

要留意的重點

繼續往下讀本書的同時，有幾件重要的事情要思考：

- 雖然現在遠端領導普及程度大幅增加，但其實遠端領導自古就存在。這件事情可以做得很好，而且你也可以辦到。
- 遠端領導的「領導本質」沒變，但也要正面處理各種新的變化，才能達成任務，並讓團隊共享成果。
- 溝通、影響他人、建造團隊關係、鼓勵成員投入所需的技巧，可以透過學習和培養而來，並且複製到整個組織內。但前提是要能瞭解工作環境的變化，還有找出欠缺的技能來特別補強。

■你不孤單。你遇到的種種問題、困惑和疑慮，也讓全世界數以百萬計聰明、能幹、用心付出（以及筋疲力盡）的領導者同感苦惱。

暫停一下，動動腦

▼在遠端領導一事上，你最大的疑慮或挑戰有哪些？

線上資源

想親自參與這項問卷研究的話，請前往下列網址填寫，以供未來的領導者參考：http://RemoteLeadershipInstitute.com/LDLsurvey。

1 該調查係於二〇一七年六月至九月間展開，持續到今日。若欲參與或讓你的聲音被聽見，可至http://longdistanceleaderbook.com/survey.

2 Jean M. Twenge, iGen: Why Today's Super-Connected Kids Are Growing Up Less Rebellious, More Tolerant, Less Happy—and Completely Unprepared for Adulthood (New York: Atria Books, 2017).

第2章

從面對面到遠端

法則2：帶領一個遠端工作團隊，需要不同的作法。請接受這個事實。

頭頂皇冠者，總是戰戰兢兢。

《亨利四世：下集》（Henry the IV, Part 2），威廉．莎士比亞

擔任領導者絕非易事。既要講求效率、達成個人和組織的目標，又要協助帶領的對象取得成果。既然你已接下這個挑戰，就好好堅持下去吧。

帕蒂就是這樣的一位領導者。她帶領這支團隊已經三年，每個成員都在同一地點作業，且彼此的互動重點只有與工作有關的事。兩年前公司改制，允許成員於必要時在家工作（例如大風雪或小孩生病），於是現在每週三天有半數員工在家工作，卻沒有配套措施或標準流程可循。帕蒂所受的訓練都是以面對面的溝通為主。還有，她本人雖不

怎麼愛用科技產品，但過度仰賴電子郵件。結果她每次都是想等所有人都到齊再開始溝通，可是這樣一來常有人缺席，或者無法讓每個人的資訊都同步更新。她在挫折之餘感嘆道：「事情怎會演變成這樣？」

現今職場運作模式帶來的挑戰，常受人忽略，尤其是遠端和科技化通訊方式帶來的衝擊，因此大家只關注長久以來能促進領導的做法。畢竟，當年成吉思汗統領半個天下，可沒辦過任何一場視訊會議。維多利亞女王在位期間，英國領土遍及全球而號稱「日不落帝國」，也沒有任何一場即時語音會議。前人早就經歷過遠端溝通，現代人遠端作業當然也能加強成效、提升產能和減輕壓力。事實上，人類共事的方法，及領導者溝通的模式，已有了根本上的改變，這些變動對領導者的行為、態度和成果都帶來深遠的衝擊。帕蒂已經注意到這一點，但她的公司還沒有加以應變。

成吉思汗要發號施令時，他的眼前會有真人在場，專職的書記員小心翼翼把他說的話抄錄下來，接著把聖旨傳遞下去。你自己需要對專案團隊下達指令時，是否曾經遭遇這樣的情況：一眼望著空蕩蕩的辦公桌椅（或是望著星巴克隔桌的陌生人），把計畫的改變敲進手機裡，心裡懷疑團隊成員到底有沒有聽懂、會不會照著做？

居高位者，本來就有高處不勝寒的孤單，但現在許多領導者在多數時間真的就只有自己一人在場。維多利亞女王說出「哀家相當不悅」這句歷史名言時，受她責備的對象就乖乖站在她眼前，且確知女王正在生氣，因此不敢隨便回傳個「XD」或是聳肩的表情符號來敷衍過去。

事實上，職場世界在過去二十五年間有了極大的轉變。以下是過去常見的狀況：

■主管、團隊領導者親自撰文發訊息的情況，非常罕見。只要在組織中達到一定階層的人，都會由助理或其他專人幫他擬稿，或者至少會有其他人先幫忙看過內容才對外發佈。主管不會直接按下「寄送」或「回覆所有人」按鍵就把訊息送出去（當時根本沒這功能可用）。

■並非人人都能用電子郵件。過去的世界，電子郵件只能用電腦操作，而且不確定收信者會不會使用電郵。如今，電子郵件大概是企業最常見用來溝通的形式（招來的抱怨也最多）。

■除了親自見面，大多數的商業往來是用電話完成。不到十五年前，大家講電話的時間遠高過讀或寫電子郵件的時間。現在情況正好相反，而且這個趨勢正不斷持續下去。

■多數團隊領導者和主管帶領的對象，都位在同一個地點，或在容易抵達之處。只有大型公司的區域總經理或職位更高的人需要煩惱遠端領導的問題。過去的領導力培養和訓練，牽涉到大量的面對面接觸。但現在多數領導者表示，自己沒有足夠或任何針對遠端領導／混合型團隊的實戰培訓。

這二十五年來，還有更多改變……

■專案管理研究院（Project Management Institute）指出，現今有九成的專案團隊中至少有一人（通常是多人）和其他成員在不同地點工作。[1]

■越來越多專案團隊和任務小組的成員隸屬於不同主管。也就是說，負責領導這些任務編組團隊的人，必須在不具有正式的上司職位或不具備正式的上下報告關係之中，帶領團隊成員，發揮影響力。

■現今，將近百分之八十白領階級的主管至少有一名部屬（正職或兼職）在異地工作。[2]包含在世界另一頭的跨洋同事，還有因天候關係而決定在家工作的團隊成員。

■社群媒體和電子通訊改變了資訊（含假消息）傳播的形式和速度。過去要回覆對方的請求，要嘛可以直接見面溝通，要嘛至少有基本的時間來提筆、手寫回覆函、放入信封袋，然後郵寄到跨洋收件處。

以上這些統計數據，凸顯了「工作方法已有多麼巨大的改變」這個事實。因此，領導者受到兩大衝擊：

■對擔任領導職好幾年的人而言，過去能造就成功的溝通方式已經改變。假設你很擅長開當面會議，但現在有多少會議能面對面舉行？或許你善於傾聽，但遠在千里之外的同事只透過電子郵件和你往來，你的傾聽長處就沒用武之地了，也不免讓人懷疑你們兩人間的配合狀況，是否能達到應有的效果。

■所謂「領導者的孤單」不再只是情感層面。你之所以孤單，不只是因為你必須做決策，承受著權力之重，擔心著他人丟掉工作自己也有責任。更是因為，你也真的就是一個人坐在辦公室裡。

首先，不要給自己太大壓力。如果你已經在這個位子待了一段時間，那麼現在要進行的任務、要使用的工具在短時間內已起了許多變化。若你剛上任，說不定連帶你的前輩也不熟悉你面臨的工作模式。這是個還在摸索中的領域。

以前，你下決策、提出問題或是給予指引，會看著對方的臉，或至少聽見他的聲音；你能判斷對方有沒有聽懂或認不認同你說的；你可以立刻得到回饋來指導、應答或是迅速轉變方向。若你需要答案，也能夠立刻取得；你偶爾還能得到微笑示意或是道謝，讓你心情特別好。有效的領導者在面對面的情況中，能獲得這些情緒上的回應。

但現在這些回應都不見了。像是帕蒂，她常覺得自己在一片黑暗中做事，搞不清真實狀況，只能憑靠信念來行動（有時就連信念都所剩無幾），踏在前人從未走過的道路上。

我們有名客戶這麼說：「管理就好比是在『養貓』。現在居然還要透過電子郵件來養。」

先喘個氣，別卡在「事情都不一樣了、都變了」這件事上。事實上，雖然領導方式有重大改變，「領導」這個行動本身變化不多。

這是個初級變動（first-order change），而不是次級變動（second-order change）。初級

變動表示我們要用不同的方式做同樣的事情，辦事的速度要更快、更睿智，且使用不同的工具，但基本的仟務還是一樣。而次級變動則指的是目前手上做的事沒有發揮用處，必須開始做別的事。

例如你的團隊成員有一個人習慣遲到，要處理的方法很多，像是他自己早十五分鐘出門、改變通勤路線、每天多留下來工作十五分鐘彌補損失的工時等。以上做法就是初級變動。

要是這些辦法都行不通，你可能要想辦法配合那個成員的需求，或者請他另找工作。這就是次級變動，也就是說實行某件事的應變方法無效，於是去改動整件事。

感覺上，遠端領導者的工作和舊的工作模式天差地遠。或許，你比較習慣和同事共處一間辦公室，或是像以前一樣常跟同事碰面。新的變動可能造成情緒壓力，繼而降低

「管理就好比是在養貓。現在居然還要透過電子郵件來養。」

你的工作產能或辦事成效。

問題或許不是出在你做的事情本身，而是你做的方法。本書下一部份將針對這一點詳細解析。

暫停一下，動動腦

▼過去一整年下來，你的團隊遇到什麼最大的改變？要是你剛上任而難以回答這個問題，那麼你注意到前任上司在辦事方法上起了什麼最大改變？

▼你和團隊成員在不同的地點工作，這樣有讓你的領導行為起了任何變化嗎？包含哪些？

▼帶領遠距工作團隊，最讓你感到挫折的部份是什麼？

1 Andrew Filev, "The Future of Remote Teams: How to Fine-Tune Virtual Collaboration" (paper presented at PMIR Global Congress 2012—North America, Vancouver, British Columbia, Canada), https://www.pmi.org/learning/library/remote-teams-tune-virtual-collaboration-0022.

2 Bureau of Labor Statistics, "American Time Use Survey—2016 Results," news release no. USDL-17-0880, June 27, 2017, https://www.bls.gov/news.release/pdf/atus.pdf. See also Alina Tugend, "It's Unclearly Defined, but Telecommuting Is Fast on the Rise," New York Times, March 7, 2014, https://www.nytimes.com/2014/03/08/your-money/when-working-in-your-pajamas-is-more-productive.html?_r=0.

第3章

帶領遠端工作團隊時會遭遇的情境

法則3：不管你喜不喜歡，遠端工作模式已改變了人際互動模式。

有時，我思考小事情會帶來什麼巨大後果時……不免會覺得，根本沒有什麼事情算小事。

布魯斯．巴頓（Bruce Barton），廣告執行長兼美國國會議員

阿德擔任主管好幾年了，原本所有團隊成員都在隔個走廊就能到的地方，現在公司政策改了，有三個人改成在家工作。他知道世界不一樣了，但不知道這對他有什麼影響，還有他該怎麼面對。他驚訝的是，小誤會往往演變成真正的問題，而且他自認明明說得很清楚的訊息，到了員工那卻還是會漏接。

在本章中，我們會多談談阿德（還有讀者你）所經歷到的遠端模式，以及這一切的

意義。我們會延伸前一章的內容，讓你瞭解自己的當前處境，還有想前往的目標。

本書的書名講得很白，我們帶領一個遠端團隊一起工作，意味著至少有一部份的成員所在地和領導者不同。但當下職場的運作時時在變，因此實際情境又有很多種。

遠端 vs. 虛擬

以下是幾個之後會繼續用到的基本術語。首先是「遠端」和「虛擬」團隊。這兩個詞有時會交替使用，但不表示概念完全相同。

凱倫．索貝爾．洛傑斯基博士（Dr. Karen Sobel Lojeski）先前任職於紐約州立大學石溪分校，[1]現在擔任國際虛擬距離機構（Virtual Distance International）首席執行長，她解析兩個詞的區別是：

遠端距離（remote distance）顧名思義就是你帶領的人至少有部分時間位在別的地方。或許你是銷售部門主管，底下業務時常攜帶手機和筆電出外工作。或者你是專案經理，成員散落在美國緬因州的班戈市和印度班加羅爾等地。或是你的公司只有一個營業所，但有名員工因為小孩的緣故，每星期會有一天要在家工作。

這些團隊成員的實體位置不在彼此附近，他們少了視覺等各方面線索，溝通往往要透過螢幕和郵件。另一方面，上下隸屬關係和權力分配還是相當傳統。情況改變了，但變化程度不算劇烈。

虛擬距離（virtual distance）比較複雜。溝通方式主要是透過科技，而且除了成員彼此間的距離，還外加人事關係方面也有結構上的差異。譬如，要是你負責的專案團隊成員來自不同部門，**即使你有領導的「責任」，卻沒有管控他們的「實權」**。專案團隊和臨時團隊經常是「虛擬」的，裡頭有專案經理或領導者，但他可能沒有統管屬下的權位，也就是說，團隊成員上頭都有各自的「真正上司」。**因此在這個模式中，主要是用影響力，而非權威，來達成任務**。傳統的施權情況（「我是上司我作主，你是部下要聽我的」）不再像過去那麼單純了。有了通訊系統的隔閡，讓人很難直接施壓。

此外，虛擬距離也牽涉到情感面。要是你的同事想要透過電子郵件而不是直接和你對談，那麼就算沒有「遠端距離」，也會產生虛擬距離。現在員工都不在你的視線範圍（他們想要的話也到不了你的辦公室），領導的難度提升多少？

團隊類別

不論是專職團隊、專案團隊或是政治團隊，今日的領導者可能要帶領的團隊分三個類型：

■**同地點團隊**。每個人多數時段都在單一地點作業，這是我們這代人多數長久以來習慣的模式。

■**完全遠端團隊**。眾人朝共同目標努力，但多數職務內容都是在不同處進行。多數溝通不是採用面對面的方式進行。典型例子是銷售主管在每區各有一名直屬部下。

■**混合型團隊**。有些人共用辦公空間，有些人位在其他地點。團隊成員裡有全職的遠端工作員工，有身在別的辦公室的員工，還有外派到客戶端現場的員工。混合型的一個子分類，是有些人每週有數日在家工作，或是自由安排在家工作時機。如果你曾經開過電話會議，有些人在會議室裡，有些人是打電話進來的，那你就明白這種特殊模式的難處。混合型團隊遇到的挑戰，包含人員不斷改變工作地點，一下在辦公室，一下在外地，所以幾乎每天工作流程和資訊取得方式都可能會變。要是你的團隊某天幾乎大家都在辦公室，隔天又改成全部虛擬連線，那也能算是混合型團隊。

以上三個類型的團隊有些共通點（要完成任務，要交流資訊，要完成自己的工作讓下一個階段的人接手），也有獨特的挑戰（要是你人在西雅圖，但部分團隊遠在雪梨或新加坡，就沒辦法透過走訪來巡視員工）。本書會把主要焦點放在完全遠端或混合型團隊之上。

除了以上提到的區別，你的遠端或混合型團隊會依照工作性質有細部差異，包含：

■**銷售團隊**。如果你帶領一群業務員，你自己可能也是業務出身。銷售團隊有較多遠端作業經歷，因此遠端作業對他們來說比較不會造成嚴重困擾。但我們也發現，業務員不曉得的是，遠端工作其實可以更加輕鬆順利；對於遠端工作的問題和困境，他們只會認命接受。

■**專案團隊或臨時團隊**。這些團隊生命週期短，肩負重大任務。即使你主導專案，團隊卻有某些（或全部）成員並不是歸你管的部下。

■**個別績效團隊**。銷售團隊可能算這一類，但還有其他例子。你帶領的團隊成員績效分開來看時，比較不強調遠端的團體行動和協作，但你也要極力避免每個成員都各自為營或只考量自己。大家還是同屬一個團隊，有整個團隊的大大小小目標。

■**全球團隊**。成員既然不在同一棟建築內，那麼距離多遠或許都無所謂。不過要注意：不要讓文化差異和跨時區的問題，帶來溝通、建立關係的難度。

哪些事維持不變？

我們曾把這個問題，寫在白板上好幾個月：「『領導』這件事，有哪些部份改變了？哪些部份不該變動？」從很多方面來看，這個問題就是本書第一部份的內容，也是本章的重頭戲。

首先談的是不該變動的地方。

■**領導者的焦點不可變**。無論帶領對象在你的辦公室門外、隔個走廊的辦公室、外面倉儲、世上其他時區或別的國家，領導一事都跟「人」緊密相關。領導者往往想要直接切入目前狀況、情境等等細節，忘了要考慮團隊成員的心情、感受和個人的需求。只要記得「一切都要從人的角度出發」，這就對了。

■**人類行為的基本要素沒有改變**。因為你要帶人，越瞭解人的心理狀態（含心願、需求、欲望、恐懼和焦慮感），你就越容易成功。就算工作地點改了，採用了新科技，成員是某個新世代的人，這些都不會改變人類行為的基本要素。稍後會詳加說明。

■**領導原則不會變**。某些技巧和特徵，可以讓大眾更願意跟隨一位領導者。這些性格特徵和技巧，並不會隨著員工從辦公室搬移到自宅或客戶端現場而改變。

■**領導者的角色沒變**。無論團隊位置在哪，領導者必須要指導他人、發揮影響力，並且與人溝通。他們要和成員協作，設立目標並帶領改變。我們在第一章稍有提過，但在這裡還要再次提醒：即使團隊位置發散，領導者應扮演的基本角色並沒有改變。

■**對產出成果的終極期望**。組織還是希望大家達到目標，完成獲利專案，符合預算，維持職場安全等等。這些終極工作目標不會隨著在不同位置工作而變動。

雖然這些重要事情沒有變動，但我們也得辨識、處理遠距帶來的變動，不然就會像阿德一樣感到挫敗，並且遇到意料外的狀況。

哪些事改變了？

你會讀這本書，代表你預期自己的工作方式會出現大幅變動，且很有可能是底下的幾種狀況：

地理位置

有些與我們合作的企業指出，團隊雖然位在同個廠辦園區內，但分布在不同樓層或不同棟建築物中。沒錯，本書提到的有些遠端因素也適用短距離的情況。當今職場上最大的變化之一，就是人員地理位置更發散。過去幾年，我們帶領的團隊成員分散區域跨幅大約九十公里，但現在團隊更是散佈在雷蒙特州、維吉尼亞州、芝加哥、鳳凰城、印第安納波利斯市和更遠的地方。地理位置範圍更廣的團隊也大有人在，像是從達拉斯、德州到地球另端的杜拜，從愛爾蘭的都柏林到伊利諾州。這些地理位置的變動很重要，但原因可能和你一開始想的不一樣。

人員散佈越廣，你要面對的不只是距離，還有不同時區、文化和習慣。這又把你身為領導者原本就夠複雜的狀況再往上加一層。

員工見不到你

從遠端進行領導時，你合作對象見到你的機會更少，這件事大概不必多說。

當彼此都在視線範圍內，領導者比較容易「以身作則」。假如你希望團隊成員互相合作，他們也會期盼看見你自己跳下來做事。畢竟，要是你嫌麻煩而不肯動手，大家都看得一清二楚。旁人看得出來你的實際作為是否符合口中講的價值觀。

你和他人共享空間時，他們可以隨時提問，或是通知一聲就開會討論，因為你向他們敞開大門。不在辦公室的人就不會有這樣的意識，所以你要建立一些可遵循的流程來克服這個差異。

領導者「人就在現場」這個事實，會散發出一種領導地位的權力感，讓人覺得他願意帶領大家。如果員工要和你約時間，或者不確定現在是否適合問你問題，或者是還沒和你建立熟悉的個人關係，那麼你就有短期、長期的問題得應付。

無論是真人在場或「虛擬在場」（員工能找到你、看見你），**「能見度」對領導的影響很大**，因此當成員距離拉遠了，「能見度」就會受損。

科技

本書作者凱文創立公司時，使用的是傳真機和現在已經歇業的 CompuServe 網路。這一點除了告訴我們他有多老，也提醒著大家科技世界變化太快，永不停止改變。若你熟知有什麼科技可用，並且加以有效運用，你就有機會成為成功的遠端領導者。你的職責之一，也包含要瞭解有哪些新工具能讓工作和溝通更有效。

要是你沒有好好利用工具，團隊成員更不會去用。要是你使用方式不當，成員很可能反彈。如果你沒有善用工具或根本沒用工具來樹立典範，就別期望底下的人去用這些工具了。

若你是遠端領導者，你必須要鼓勵大家在對的時機使用對的工具。還有，你一定要親自使用。

工作關係

雖然辦公的位置不在同棟建築內，大家還是要一起合作，把自己完成的工作圓滿交給下一手，所以務必要能順暢溝通。

經常碰面互動不等於打好關係，但親身接觸確實能提升職場關係。所以，職場人際關係的需求（含實體和心理交流）並不會隨著遠端的工作模式而消失不見，但建立這類關係的機會和情境已經產生鉅變。瞭解如何建立和維持關係，向來都是領導者要面對的重要課題。

此外，不管你喜不喜歡，虛擬溝通改變了人際互動情況。身為遠端領導者，要跟所有團隊成員打好關係變得更困難，但或許也更加重要。

溝通線索變少

與人面對面說話時，能得到即刻回饋。有些是有意識的，像提出問題或是給出評論，而且你身為領導者，要鼓勵成員誠實回應你傳達的訊息。另有許多是不自主就出現的線索，像是微笑表示接受，對方皺眉就表示我們必須要調整說法、要重複一次、要確認對方有聽懂，或要多解釋一點再繼續下去。這些即時回應，能讓我們隨時自然而然不斷調整表達出的訊息。

遠端作業時，溝通模式的平衡改變了。想想看，你有多少互動是用文字進行的。電子郵件、簡訊和網路通訊都是最常用來交流往返的方法，而這種方法有點冷，沒有人情味。這些都只是單向的發訊。

就算我們實際開口說話時，也是透過通話，只有聲音、語調和訊息內容，無法搭配微笑、眨眼或肢體動作來強調訊息。就算對方看得見我們（像是用網路攝影機或視訊會議），還是能體會到光靠影像沒辦法消除的那種隔閡感。

在缺乏這些立即線索的時代，你一定要讓自己傳達出的訊息更容易理解，而且需要有其他方法來偵知關鍵線索。確實，你已經寄發電子郵件說明要怎麼改動某個流程，但這表示大家都有足夠資訊來配合嗎？他們知不知道自己會受到什麼實質影響？你自己覺得一切都沒問題，那大家也都同意這個改變嗎？還是成員彼此之間開始瘋狂互相私訊，討論著該怎麼辦？

我們一輩子都在學習要怎麼和真人溝通。但我們現在卻必須採用比較難發揮效能、比較沒有把握的工具，去處理職務上的重要事。

資訊被過濾

我們所接受的資訊會受到過濾和他方介入，這些常常是出乎意料或是在無意中形成的狀況。

身為領導者，你不僅要傳送訊息，也要接受訊息，而且這些訊息數量龐大，形態不一。就近領導時，可以直接走去跟對方聊一聊交代狀況，或視對方回報壞消息的肢體語言來決定怎麼反應。用電話接收資訊，常常沒有可循的脈絡或是事前預警，很難確認自己有沒有仔細聽懂，有沒有清楚處理資訊，有沒有好好回覆。

你的領導作風可能過時了

對很多人來說，第一次領導經驗是全員在同地點工作。我們可以巡視各個辦公室，看員工是否好好做事，或只是做做樣子。當你聽見旁人對話或看到員工的舉動，可以積極、立刻反應。

你可能跟我們一樣，遇過一些管理者或領導者仰賴舊式的「嚴密控管」作風（「我說了算」）。他們人就在附近，可以隨時走過來，能監督我們的所作所為，確保我們有按照他們的意思辦事。不管這樣是好是壞，至少是「辦得到」的。

可是，一旦團隊分散到各個角落，就不可能知道大家每個時刻都在做些什麼。想完全監視大家、確保沒人打混，這種事情是做不到的，況且你有這念頭的話，該問問「有必要這樣嗎」。既然你無從得知大家在做什麼，你就必須要確保每個員工都能獲得適當的任務指引，你能清楚看見績效數據，而且能獲取員工進度，才能好好維持工作進展，同時不把自己逼瘋。換句話說，想要成功地從遠端領導的話，要對團隊成員有更深的信任感；嚴密控管是行不通的。

某些人的需求改變了

人類的基本需求沒有變，但工作地點轉變，可能讓某些需求變得更重要或更明顯。要是有些團隊成員在家上班，這些人就會有人際互動的需求（這種需求，以前在辦公室裡可以自然滿足）。身為遠端領導者，一定要注意到浮現出來的需求，並且想辦法滿足這些需求。為什麼呢？因為一旦滿足這些需求後，大家就更能專注把工作做好。

比較外向的成員換成遠端工作後，可能特別懷念辦公室裡的人際互動。在數位時代，人與人之間越來越疏離，辦公區域原本是許多人能用來交際的綠洲。如今大家開始在自家工作，領導者必須體認這方面的需求。要是我們能幫助大家滿足這些需求，也多鼓勵他們互動，就不僅能讓團隊成員更有生產力，也會更多健康，少點壓力。

更偏重個別工作項目

一旦轉型成遠端作業，工作時會更強調個別任務和個人貢獻。這種朝著「個人焦點」、逐漸遠離「團隊」的轉變，不見得是件壞事，有時還能帶來更好的成果。但是，組織、身為領導者的你，還有大概最重要的團隊個別成員，都必須體認到這項改變。請正視「焦點在個人績效」這件事，向成員攤開來講——同時又別在無意中太過於偏重個人——這些都是要多多留意的小眉角。

> 身為遠端領導者，要跟所有團隊成員打好關係變得更困難，但或許也更加重要。

孤立作業

遠端工作真真正正是「孤單一人」。

辦公時能不受打擾，確實很不賴，但領導的樂趣之一就在於和其他人互動。聽取他人意見、提出問題後馬上得到答案、與大家腦力激盪還有共同擴展構想，這些都是領導職位令人起勁的面向。

不過，要是你有個小疑問要找誰問？遇到困惑時能聯繫上可靠的顧問嗎？你會再三確認自己的想法再向外傳遞，還是想到什麼就直接下令，也沒先讓旁人幫忙看一看？此外，你再也無法親眼見證到自己的想法獲得認可，再也無法第一手親耳聽聞好消息，更別說是和大家一起吃披薩或生日蛋糕了。

我們的調查結果證實了，領導者最關切的就是他們與團隊的隔絕，這份隔絕也耗損了效能和工作滿意度。那麼，在距離越來越發散的職場，你該往哪尋求資訊、靈感和陪伴？

然後呢？

沒錯，擔任遠端領導者很辛苦，但不是不可能的任務。成吉思汗和維多利亞女王都辦到了，你也可以。你要用新的方式來看待工作，留意哪些變化會影響到你、你的工作，以及某些行為。

接下來，將討論領導者面臨的挑戰、遠端領導對這些挑戰帶來的影響，還有要採用哪些新態度、觀點和行為來應變。

暫停一下，動動腦

▼你的團隊屬於哪種類型？你的領導方式要怎麼隨之調整？

▼距離對你的工作效能和團隊的運作模式帶來什麼改變？

▼與員工異地工作對你的領導作風帶來什麼改變？

▼哪一項變動對你產生最大衝擊？

1 Karen Sobel Lojeski, Leading the Virtual Workforce: How Great Leaders Transform Organizations in the 21st Century (Hoboken, NJ: John Wiley & Sons, 2009).

第二部

帶領遠端工作團隊的關鍵應用模型

第4章

遠端團隊領導模型

法則4：科技是要拿來善用的工具，不是藉口或阻礙。

世上所有的工具、技巧、科技，唯有搭配「懂得如何智慧地、完善地、專注地運用它們」的頭腦、真心和雙手，才能發揮作用。

拉希德・歐格拉魯（Rasheed Ogunlaru），職涯教練兼講者

艾倫已經擔任主管好一陣子了，後來公司允許一些員工在家工作，接著也調整組織結構，把某幾個其他單位的人員列為艾倫的下屬。艾倫和上司對這件事也沒有多想。他把新來的組員介紹給大家，他知道團隊的工作內容，也知道要怎麼帶人。資訊部門開權限讓他用新工具時，他心想：「我不需要吧。該有的工具都有了，現在這樣就好好的。」

要是遠端領導模式和現狀沒有太大差別，那為什麼遠端工作會讓人感覺更孤單、壓力更大而且難度更高？

我們經過一番思索，也跟遠端領導者討論，建構出一個傳遞重大訊息的簡易模型，稱為「遠端領導模型」（Remote Leadership Model），如圖5所示。

模型中包含三個相互搭配、推動遠端工作的齒輪。最大的齒輪是「領導與管理」，也就是你的職責所在。第二個較小但很關鍵的齒輪是「工具與科技」，在遠端工作時一定要用到。第三個最小的齒輪是「技巧與影響力」，也就是善用工具的能力。這

圖 5：遠端領導模型

個齒輪雖算是最小的，但也很重要。

緊接著來分別細看每一項。

齒輪1：領導與管理

這個齒輪提醒我們，身為領導者所應展現的領導和管理行為，和過去一樣。自從埃及負責金字塔的工頭展現出專案管理技巧，到今天我們該做的事（及肩負的期望）改變並不多。無論我們員工是在同辦公室裡，還是散落全球各地，這些事情仍是領導者被賦予的期望。

本書作者凱文在《卓越領導力》（Remarkable Leadership）一書中，列出十三項所有領導者皆適用的能力素養（competency）。你務必要持續精進下列的素養來提升工作效能。

1. 卓越的領導者持續學習不輟。

2. 卓越的領導者推動改變。
3. 卓越的領導者能有效溝通。
4. 卓越的領導者建立好人際關係。
5. 卓越的領導者培養他人能力。
6. 卓越的領導者注重客戶。
7. 卓越的領導者讓改變成真來發揮影響力。
8. 卓越的領導者具備創新思考和行動力。
9. 卓越的領導者重視協作和團隊合作。
10. 卓越的領導者解決問題並做出決策。
11. 卓越的領導者負起責任並承擔職責。
12. 卓越的領導者成功管理專案和流程。
13. 卓越的領導者設立目標並支持團隊達成目標。

縱使你覺得以上有幾點已不適用，但不能否認的是，在遠端作業環境中，以上的這十三點依舊重要。不管大家是集結在一起或分隔不同地方，領導職責還是一樣的。不管員工近在你辦公室門外，或是遠在關島，該做的事還是要辦成。

你在以上各層面的能力表現如何是另一回事，可以之後再談，但我們必須執行職責的方式，千百年來都是相同的：在同一處工作，幾乎都面對面。

不過從現在起，狀況不同了。

差異就在於另外兩個齒輪。齒輪尺寸小，不表示不重要，而是像古老諺語所說的，「小鉸鏈推動大門。」這點放到現在來看還是千真萬確。

齒輪 2：工具與科技

這個居中的齒輪可說是遠端領導裡最重要的差異了。領導者除了要展現前面所提的各項領導行為外，還要操作自己不熟悉的工具和科技。這件事可別小看。

假設一個美國人從沒在英國開過車，恐怕會因為「科技與工具」這個問題遭逢生命危險。乍看之下，開車不就是開車嗎？都是四個輪胎、一組方向盤、一部內燃機和擋風玻璃。唯一的差別是，駕駛座在車右側，而且在路上要靠左行駛。

這些「小差異」會讓駕駛人壓力暴增，不小心就會出事。不只是駕駛人，路人也會受到交通習慣影響。倫敦市在街道上有箭頭標示，彷彿是要說：「嘿，呆瓜觀光客，公車從對向過來，走路要看路。」這樣小小的差異，就可能讓悠閒的假期搞到要上急診室。

科技對你的領導行為有什麼影響？試想：當你想問清楚一個複雜的問題，結果想說算了，乾脆用電子郵件就好；或是你知道要教練一堂重要的課程，結果只用電話講一講，看不到對方眼神充滿雀躍還是一臉恐慌。透過線上研討會做簡報，獲得的回響遠不如大家齊聚一堂，因觀眾的笑聲和掌聲讓自己更充滿活力。

這個齒輪引發三個重要問題。

■你掌握哪些工具，可以幫助你把事情做好？
■你有沒有把對的工具用到對的工作項目上？
■你是不是太仰賴自己慣用的工具？

辦事用錯工具，不僅讓人灰心，還會減低成效，生活中各種事情也都是這樣。這點很重要，因為你擔任辛苦的領導工作，必須把很多事情辦妥。你可不想要「逆向駕駛」。這點確實讓狀況更複雜，但要應付的問題不只這樣而已。

齒輪3：技巧與影響力

第三個是最小顆的齒輪，概念很簡單，也最容易維持，但經常造成最大的問題。瞭解自己該做什麼很重要，選對工具也很關鍵。但是，如果無法有效使用選擇的工具，就算再拚命或出發點有多麼美好，都還是辦不好事情。

以下提供幾項重要數據：

- 軟體開發人員都知道，百分之八十的使用者只用了百分之二十的軟體功能。幾乎歷來每套開發出的軟體都這樣，簡直變成業界常識。[1]要是沒去好好使用功能，即使擁有WebEx或商務用Skyp這類的強大工具，也幫不了你克服遠端通訊挑戰。
- 麻省理工學院史隆管理學院（MIT Sloan）和凱捷管理顧問公司（Capgemini）進行的兩份研究顯示，精熟且常用科技的領導者，在領導其他方面的評比表現水準也較優異。但是，有不少人（占多數）本身用不慣這些工具，或是對操作沒有足夠信心。2

■在許多私下對談中，知名軟體平台和分銷商的員工說法也跟以上一致。取得網路會議工具認證的人，超過三分之二只有上過線上教學，沒有其他指導或培訓，讓很多人覺得不滿意。就像是一名分銷商所說：「認證書給你，你自己想辦法別出亂子。」

我們不僅對工具陌生，也沒有妥善使用。這會減低我們的信譽和效能。今日所有要溝通的人士都有這種情況，其中領導者又遇到更多挑戰：

■領導者通常年資較高，所以比較容易排斥使用新科技，或至少在剛開始時容易用不慣。

■就算你想採用新科技，很可能學習力不如自己屬下或是合作對象。

■矛盾的是，不使用工具會顯得和大家脫軌，能力不足，偏偏你就怕顯得無能和用不慣，所以沒去採用科技。

遠端領導模型顯示，遠端領導是不易精熟的艱難工作。你必須改用從未經歷過的工作模式，操作自己沒把握能帶來成功的工具。遠端領導模型要講的很簡單：領導（「我們所做的事」）改動不多，改的是「我們要實行的方法」。

本書後續會多多區別以往的舊領導方式以及今日職場應採用的思維模式和行為，因為這讓一切都不同了。

暫停一下，動動腦

▼仔細看一看遠端領導模型，問問自己下面幾個問題：

▼你在領導與管理齒輪應對得如何？用1到5分（分數越高表示成效越好）來評的話，你對本章一開頭的列表項目中精熟哪些？還有哪些待加強？

▼你在工具與科技齒輪應對得如何？用1到5分來評的話，哪些工具有助你的溝通和工作情形（例如，Skype、WebEx、Dropbox）？哪些感覺礙手礙腳或沒什麼用處？

▼回想你曾後悔忽視或沒利用某科技的情形。當時是什麼狀況？為什麼想改變將來

的做法？

▼依照以上答案來看，你想培養什麼新技巧來提升遠端領導的成效？

---

1 Based on The CHAOS Report (1994) by the Standish Group and revisited in 2007. Although there is considerable debate about the numbers, Jim Highsmith, in Agile Project Management: Creating Innovative Products, and other experts have concluded: "The Standish data are NOT a good indicator of poor software development performance. However, they ARE an indicator of systemic failure of our planning and measurement processes." He goes on to say that you can't use the Standish numbers to show return on investment, but they accurately predict end-user adoption and other cultural barriers to success.

2 Gerald C. Kane, Doug Palmer, Anh Nguyen Phillips, David Kiron, and Natasha Buckley, "Strategy, Not Technology Drives Digital Transformation," MIT Sloan Management Review (July 14, 2015), https://sloanreview.mit.edu/projects/strategy-drives-digital-transformation/, and Michael Fitzgerald, Nina Kruschwitz, Didier Bonnet, and Michael Welch, "Embracing Digital Technology: A New Strategic Imperative," MIT Sloan Management Review (October 7, 2013), https://sloanreview.mit.edu/projects/embracing-digital-technology/.

第5章

領導力的「三個0模型」

法則5：領導者要兼顧工作成效、他人，還有自己。

偉大的領導人不見得親自做大事，而是促進他人成就大事。

隆納．雷根（Ronald Reagan），前美國總統

克妮剛成為專案經理，團隊成員散布美洲各區。她擔任領導者向來都會把事情辦好，但最近開始覺得工作內容超出自己熟悉的領域，因而備感壓力。雖然她經手的專案都準時完成且符合預算，但為了要配合亞洲區的利害關係人，她必須從更早開始一天的工作，等到哄完小孩睡覺後還要排會議。她的團隊看來一切順利，但她心力交瘁，怕自己撐不了多久。她問我們：「要是領導都要搞成這樣，大家能維持多久？」

你自己怎麼界定或描述領導這件事？

多年以來，我們帶領許多小組進行一個很有啟發性，又能達到教練效果的練習。首先，每個人用六個詞語來界定或描述領導這件事。不管小組位置在哪，經驗多寡，永遠會出現兩個基本要點，屢試不爽。大家對領導最普遍的認知就是：

■成果。實際用詞如目標、使命、願景、達成要項、成功。
■他人。實際用詞如影響、指導、溝通、打造團隊。

值得高興的是，無論居住地或工作場所在哪，大家對於優異領導的觀點大致相同。帶領這項練習多年，我們自己的領導理念也受到深遠影響，讓我們開發出了領導力的「三個O模型」（如圖6所示）。

如圖中所見，三O模型列出了所有領導者都要知道、採用的三大關注面向，以便達到最大的成功。

■成果——你領導眾人的同時，有個意圖達成的成果。
■他人——你領導眾人，透過這些人來達成以上成果。

■自己——你自己也不能置身於模型之外。雖然領導所看重的是成果和他人，但沒有你的話就無法達成。

本章開頭講到的克妮，她非常注意前兩個O。雖然成果和他人必須擺在前頭，但領導者也必須注意模型中的「自己」，才能順利帶領他人取得理想的成果。她求好心切，卻因此沒有好好照顧自己，使她的自信心和能力都出現狀況。

前一章提到的遠端領導模型時，有講到第一個最大的齒輪「領導與管理」。本章的三個O模型，

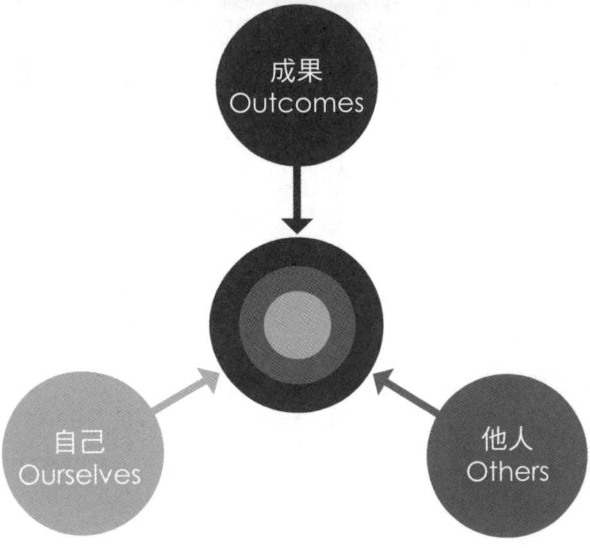

圖 6：領導力的三個O模型

則是更完整呈現這個大齒輪的全貌。

我們的三個O模型和各種模型一樣，目的是要把一個更複雜的世界加以釐清和細分，以便把我們的想法和行動排出優先順序。我們堅信，這不僅僅是個行為模型，更是一套心法。

為了以最佳狀態進行領導，你必須優先考量「成果」和「他人」兩項。雖然「自己」的項目位於模型中央，這不表示你是領導的重心，更不是最終目的。你處於核心位置，但不是整體的重心，領導這件事並非繞著你打轉。實際狀況是，你要運用自己的個人特質和領導方式，為他人創造更佳成果。模型的用意是要讓你知道就算重點不在於「你」，但你還是牽動著整件事。（許多人把這稱為僕人式領導，servant leadership）。[1] 不管你喜不喜歡這講法，我們都認定如果想要永續成功領導，我們這些領導者必須要成為他人和成果的僕人。雖然領導的重點不是你，但你的個人特質、信念和行為模式都對成功與否十分關鍵。

我們已經大概描述了這個模型，接著要一一細究各個O項目。

焦點 1：成果

組織存在的目的是要達成某種成果。雖然現在時下很多人愛把「企業使命」講得神秘兮兮，外人看不懂，但以下是幾個直白、清楚的範例：

麥當勞的品牌使命是要成為顧客最愛來吃吃喝喝的地方。[2]

Google 的使命是要整理世界的資訊，方便世人好好利用。[3]

圖 7

當然，我們還有更高階的目標，目標形形色色，銷售團隊有明確的業績目標，專案也有明確的成效指標如時間、預算和品質標準。

雖然有些人把這些當作是管理的範疇，但我們並不認同。取得成果確實是介於管理和領導之間的交界。沒錯，你一定要管理績效指標數據的細目，但你也要關注能造就這些結果的背後行為。

領導者要是沒顧及成果，那就是失職了。

遠端模式對「成果」造成的差異

對遠端領導者而言，成果可能更重要，也更艱難。理由是：

■**孤立**。遠端工作模式之下，多數時間都是獨自一人的。我們工作的環境會依照習慣、思想和自己專注處理的事情而形成一個小框框。這種對外隔絕的情況會形成小孤島。有時即使大家看似同屬一個團隊，但都是在自家辦公室解決問題和創造成果。若沒有經過特別的引導，長期下來團隊成員就會專注於自己的個別目標和關鍵績效指標，而非整個團隊的目標。領導者都希望底下的人積極進取、充滿幹勁（不管在哪辦公），但也要幫助他們瞭解自己手上所做的事，是屬於一個更大的整體。距離拉遠後，我們要傳遞、講明目標，就變得更不容易。

■**缺乏環境中的線索**。只要到各企業辦公室看一下，就可見到各種與目標相關的訊息，例如「品質第一」的標語，或是在顯示器上列出最新安全數據，要不然就是每間會議室都張貼著企業目標。共同的工作場所可以提供非常明確的提醒和線索，不斷強調重要訊息。但是在自己家裡，就可能錯失這些。

■**較少複述訊息**。除非領導者不斷用各種方法來傳達、重申團隊及組織想達成的目標和成果，否則成員就會迷失在自己的小框框裡頭。尤其，如果是從不同部門調遣人員而成的專案團隊，你只是名義上的主持人，但每個人都有自己的上司。這麼一來，你身為遠端領導者的職責之一，就是要盡可能想方設法讓大家好好顧及成果。我們能夠（也應該）利用線上管道和其他厲害的科技來做到這點，但也要用盡所有可行方法，像是給個人的便條、在耳邊提醒或甚至用飛鴿傳書都可以。你一定要盡可能頻繁溝通且善用創意來讓團隊凝聚和同步交流，並且全力關注團隊和組織的大大小小目標。

焦點2：他人

身為領導者，你有許多要顧及的事：

■預算

圖8

■專案
■改善流程
■開發新產品或服務
■銷售
■顧客服務
■收益

這些事情應該會引起你的共鳴，或許你還能再多補充幾項。雖然你要設想這些事情，但負責執行的卻是其他人。

有這麼多的重大事情要處理，卻又不知該把焦點放在哪裡，此時怎麼辦？你最要關注的事情不是以上任何一項，相反地，你的焦點是他人。

關於他人，你要關注的包含：

■指導團隊

■傳達要務和專案
■招攬職員
■培訓新人
■提供支持和引導

遠端領導人的關注焦點在於他人。因為：

1. **你不可能事必躬親**。先講最明顯的一點——不管你再怎麼拚命，也不可能一手包辦所有事情。領導著重的是成果，但務必要透過他人才能取得成果。
2. **他人的成功，就是你的成功**。想把焦點放在他人身上，就一定要打從心底相信這件事。你務必要相信只要服務好他人，就能滿足自己的需求，達成自己的目標，而且能得到你應有的肯定。真正持久的勝利，來自於幫助其他人得勝。
3. **關注他人能建立信任感**。信任對團隊和組織的成功而言，都是一大利器。只要有高度信任，工作滿意度和產能等等都能隨之提升。要是你想建立與他人間的信任感，就要把關注焦點放在他人身上，並且先表現出自己信任對方。

4. **關注他人能打好關係**。雙方關係的強韌程度與內含的信任感多寡有直接關聯。信任感加深的話，關係也會變得更穩固。堅實的工作關係能創造更佳的成果。要怎麼建立好關係？要關心、傾聽和多在乎他人。

5. **關注他人讓你更有影響力**。我們是領導者，不能強迫或威逼他人採取任何行動，就算可以，也撐不了多久，還恐怕會導致更多無法預料的後果要承擔。我們掌控不了人，只能對他們產生影響力。想想看，什麼人對你的影響力最大？就是真正為你好的人，還有和你站在同一陣線的人。所以，如果你沒有關注他人，自己哪能夠達成以上幾點？切記，影響力的要義在於幫助他人做選擇。你想要的不會只是表面上的乖乖照辦而已。

6. **關注團隊成員，會讓他們更認真參與**。這點很有道理。大家都想和相信自己、關心自己、為自己著想的人共事，或是跟隨這種領導者。

7. **關注他人，就等於達成上面列點出來的每一個項目了**。要是你好好用心去關注身旁的人，前述那些你應該關注的事項，都會變得更好。我們不是要你去忽略上述列出來的那些事，也不是叫你把那些事都交給別人去做，而是說，只要你優先關注他人，其他事項通常就會一起變好。

身為領導者，你要做的是協助、支持、引導和幫助他人達成寶貴目標和成果。只要記住這點，並且關注他人還有他們的需求，你就能為組織、團隊，也還有你自己帶來更佳成果。

遠端模式對「他人」造成的差異

本書不斷提到，在遠端工作的情況下維持「他人」這項焦點的難度更高，以下說明幾點原因：

看不見，就難理解：本書作者凱文有個實例。幾年前，麥瑞莎剛加入團隊，辦公位置只跟凱文差一條走郎。他們的工作關係維持這樣好一陣子，直到有天麥瑞莎結婚了，搬到外地為止。從居住地到辦公室通勤要兩個半小時，所以她每天都遠端工作，大概每個月進一次辦公室而已。什麼都沒變，只有她的工作地點不同。而凱文為了讓麥瑞莎持續成功，在提供她資源、時間和鼓勵的時候，就必須花更多精神，以更多的創意和自制力來進行。事情還是能辦好，只是要多費點心力。

所幸大約八個月後，她先生找到新工作，所以她又回到原辦公室了。麥瑞莎不論工作地點在哪，工作表現都非常優異。凱文明確界定工作項目，定期關切狀況，並且利用網路攝影機等工具來協助她達標，而她也因此在能力上更精進，變得更能獨立作業。現在凱文和麥瑞莎只隔一條走廊，會比較容易關注她的需求、給予支持和指導嗎？當然是！

你的預想勝過一切。身為領導者，你有意無意會對底下的人做出一種預想。如果你預想大家狀況很好，就比較不會去「操煩」他們的事。不管成員在哪工作，道理都沒有變。然而，要是你預想一切都很好，加上看不到對方，就更不會常聯繫他們。又或者，你預想他們會主動向你求助或尋求支持，或覺得沒消息就是好消息，又或是怕關切一下狀況會被認為在「查勤」，結果他們很可能把你少聯繫和注意他們，當作是你不夠關心。遠端領導者必須要曉得，自己必須主動排定與成員聯繫的時機和方式。

就算你關注他們，有讓他們知道嗎？主觀認知和現實衝突時，往往是主觀認知勝出。如果你的團隊成員沒看見你做出舉動來證明你在乎他們、希望他們成功、信任他們，你真實的想法或意圖是什麼都無所謂了。大家看的是你的行動，而不是你的言詞。可是在遠端模式中，團隊成員根本很難看到你有沒有行動。想真正著重「他人」的話，就要不辭艱辛地用行動來讓大家看見。

焦點3：自己

領導的一大矛盾在於，「領導」的重點根本就不是領導者本人，這點先前說過了。從根本看來，領導的真義在於成果和他人。

但是，你是怎樣的人，你抱持什麼信念，你做出哪些行為，會決定你能否有效完成任務。這就是大多數的領導者，甚至包括讀者你，最容易陷入困境的地方。

雖然這個O大概算是三個O裡面最小的一個，但從某些角度來看要擺第一，不過模型顯示的是領導者排在最後面。換句話說，如同前述，你身處領導的核心位置，但絕對不是領導的整座宇宙中心。

電影《挑戰不可能》（Brian's Song）是取材自美式足球巨星蓋爾·謝爾斯（Gale Sayers）的自傳作品《我排第三》（I Am Third），我很推薦你去看一看，非常催

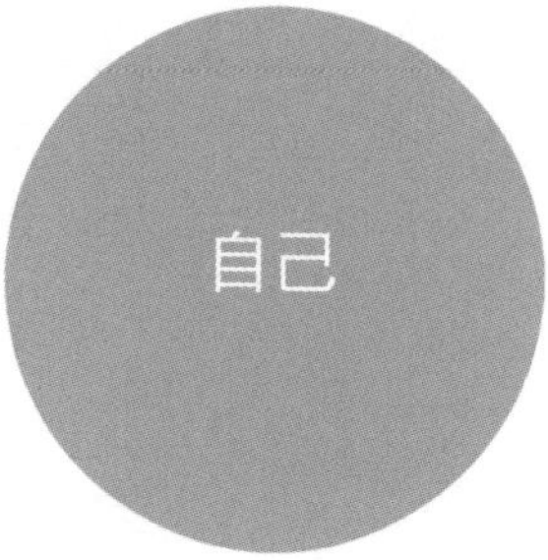

圖 9

淚。自傳的書名是來自他好友說過的話：「上帝是第一，家人第二，我排第三。」雖然這裡情境不一樣，但想傳遞的意念很類似：只要把「自己」想成是排第三，就能夠最佳推動他人和成果（雖然你依舊擁有你的個人特質和你的領導方式）。

你可能在理智上認同以上所說的，但我們還要再稍加解釋一下。有些人會說，領導的重點在於「我們為人處世的態度」，而且領導者可以透過各種不同的方式成功，所以在領導時做自己就好。這樣說沒錯，但有個限度在。

你可以在領導時加入個人色彩，成功領導風格也確實有不同的面貌。我們也相信你要做真實的自己，但不該用這個當藉口來維持現狀而不去改變行為，不去即時評估要務緩急，沒有磨練技巧讓自己更加進步！

領導核心就是你的信念和觀點。這些會推展你的行動、你和團隊的互動方式、你發揮的影響力，還有他們如何回應你這名領導者，他們會拿出怎樣的表現。

你最渴求的事物很重要，但必須配合好另外兩個O才有用，也就是成果和他人。

遠端模式對「自己」造成的差異

無論員工在哪工作，你的個人特質和領導風格都很重要。不過從遠端領導時，特質和風格可能會變得較不明顯，反倒是你的信念和預想更加關鍵。因為：

預想（又來囉）。你對於遠端工作的意涵自有預想。就算我們能提供統計數據顯示遠端工作的員工產能更高，[4]假如你不相信遠距工作效率較高，或是你預想員工在家工作時會分心處理外務，你就會依據這種看法來行動，而沒有依照事實來觀察。你對團隊成員的預想，將會影響你的領導方式。底下人員從遠端工作時，領導者要改變自己的預想，也就更不可能，因為領導者看不見足夠的證據來改變看法。你也會預想要給員工設下多高的要求，還有預想自己願意配合時差、配合線上會議時間到什麼程度。克妮就是在這方面遇到困擾，她預想的就是要更拚命來解決問題。你一定要清楚辨識出你對自己

領導的一大矛盾在於，「領導」的重點根本就不是領導者本人。

和屬下員工的預想，加以檢視，並依照事實來修正。

意圖很重要，但光有這點還不夠。整本書中我們不斷提到，做任何事的時候都有一個「意圖」。但你的「籌算、意圖」與「實際做出的事情」之間有落差。研究顯示，人類不擅長自我評估，因為我們是以自己的能力或是內心意圖來幫自己評分，但給他人的觀察卻是來自於我們的行動。[5] 你透過遠端模式帶領團隊時，互動降低了，而且互動關係單薄了，所以，要是你沒能滿足團隊成員的需求，他們可能看不出你的原先意圖，或是會往最壞的方向去想。他們不知道你的處境，不知道你是不是卡在交通中無法抽身，他們只知道你放他鴿子。

拿出決心。本書會提供許多可以實踐的構想，能大幅強化你成功領導的能力。但你要下定決心，不然全都無法發揮用處。身為遠端領導者，你必須要下定決心去做不太習慣的事情，必須要多加關注團隊成員，努力支持成員及他們的需求。以上種種事情都要先有決心才能辦到。

與其他模型相結合

領導相關的模型有很多種，例如前一章提到作者凱文曾提出十三項領導者的能力素養，就可以稱為是「卓越領導力模型」。而且，各種優質的模型都能針對領導的本質以及優質的領導方法提出好的觀點。

無論技巧或能力素養到哪個程度，最優秀的領導者到頭來還是要有效控管他們在三個O方面的焦點和活動，因為這三個O就是與領導相關一切的根基——這也是本書接下來的架構。後面章節中我們將針對每一個O，用一整個部分來深入探討，並提供具體明確的做法，能在這三層面進行有效遠端領導。

暫停一下，動動腦

- ▼身為領導者，你認為自己在成果層面被賦予的最重要期盼有哪些？
- ▼遠端工作模式對你和員工而言，在成果方面造成什麼影響？
- ▼你覺得要把專注焦點放在組織內的他人時，哪些方法最重要？
- ▼遠端工作對「他人」這項關注焦點帶來什麼影響？

▼你怎麼看待自己身為領導者的角色？

▼遠端領導對你的信念和行為產生什麼影響？

---

1 For more on servant leadership, see the Robert K. Greenleaf Center for Servant Leadership, https://www.greenleaf.org/what-is-servant-leadership.

2 "Mission Statement of McDonald's," Strategic Management Insight, September 14, 2013, https://www.strategicmanagementinsight.com/mission-statements/mcdonalds-mission-statement.html.

3 "Google Business Profile and Mission Statement," The Balance, July 13, 2017, https://www.thebalance.com/google-business-profile-2892814.

4 Nicholas Bloom, "To Raise Productivity, Let More Employees Work from Home," Harvard Business Review, January-February 2014, https://hbr.org/2014/01/to-raise-productivity-let-more-employees-work-from-home.

5 Justin Kruger and David Dunning, "Unskilled and Unaware of It: How Difficulties in Recognizing One's Own Incompetence Lead to Inflated Self-Assessments," Journal of Personality and Social Psychology 77, no. 6 (1999): 1121–1134.

第三部
如何讓遠端團隊創造佳績

第三部

簡介：如何讓遠端團隊創造佳績

別把「活動」（Activity）當成是「成效」（Achievement）。

約翰・伍登（John Wooden），籃球名人堂教練

勞爾剛接任軟體工程師團隊的主管。他和多數團隊成員一樣，好幾年來都是在家工作。但是，他的上司非常擔心團隊成員沒有好好賣力工作，經常問他：「你要怎麼知道他們現在正在處理什麼事？」或是「你肯定我們能趕上死線嗎？」雖然勞爾內心相信團隊成員，但很難向上司保證所有重要的事情都有做好，畢竟他無法去偷偷瞄一下員工現在正在做什麼。

身為領導者，你的職責就是要達成理想的成效。以遠端模式協助團隊取得成效的時候，狀況有些許不同，現在就來談這些差異。

受調查對象中，無論是新上任的領導者，或帶領時備感艱辛的人，常提出以下問

題：

- ■他們正在做什麼事？
- ■他們有做出實績嗎？
- ■他們在家或別處工作會不會分心？
- ■他們會不會過勞？

來吧，深呼吸，好好看每一道問題。

他們正在做什麼事？

遠端工作時你不能看見對方，但就算只隔一條走廊，你又怎麼知道對方在做什麼？你會一整天去他們背後盯著嗎？（會的話，建議你回到本書開頭重讀一遍。）說真的，員工人在隔壁辦公室或隔一個時區，有什麼差別嗎？我們有個客戶說，她先前看過有員工每天進辦公室，但整天都在剪折價券折角。這些人**只是看起來很忙，但其實根本沒有**

產出任何工作相關的成果！他們人就在辦公室裡，所以你不能怪罪遠端模式。

他們有做出實績嗎？

答案就在工作流程裡，以及你身為領導者／管理者的職責之中，所以，這個問題的答案你本來就應該知道吧。這和他們的工作地點無關。若是你煩惱著這個問題，那麼你真正在想的，其實是下一題……

他們會不會分心？

事實上，他們分心的可能性，低於和你同個辦公室的員工。《哈佛商業評論期刊》（Harvard Business Review）的研究顯示，以任務的「數量」為比較基準的話，在外工作的人完成的進度還比較多。[1] 原因有些是正面的（不受干擾），有些則是該擔心的（他們的總工時較高）。

就算你不認同，也請回想一下自己的親身經歷。在辦公室裡工作時，一整天下來受到多少干擾和打斷？有多少是因為其他同在一個辦公室的同事造成的？要是使人分心、拉低產能的因素與人無關的話，那麼你和遠端工作者的表現應該相近（而他們受到的人為干擾少很多）。或許你的團隊裡有成員非常不適應遠端工作（這是你指導他的機會，不要把他的特例拿來指謫所有遠端工作者），不過研究一再證實，遠端的多數人大部分時間產能較高。

他們會不會過勞？

這一題你可能原本沒有要問，但應該要問的。遠端工作的人（特別是自宅工作）比較難拿捏好公私之間的界線。既然手機和行動裝置都在身邊，他們可能會晚上去看電子郵件，或一大清早起床就看簡訊。事實上，這常會變成一種惡性循環。譬如，瑪麗想讓人看出她有在做事，所以一起床就趕緊回電子郵件，等孩子們都去睡了之後，她又再次回覆。怪不得她的成效比較高，能多完成一些事，因為工作時數變多了。但，這真的是你樂見的嗎？

你要懂得區別：**員工是更賣力、更長時間工作，或只是把同一件事切割到不同的時

段去做。尤其是在混合式團隊的情況下，有些人在辦公室，有些人在自家。此時「主觀認知」可能會是問題，譬如，在辦公室工作的吉娜看見喬治時時刻刻都在寄送電子郵件，於是她覺得自己也該留晚點，或把筆電帶回家加班。相反地，如果喬治晚上八點還在家工作，但辦公室的人下午五點後就不再回信，他可能會懷疑大家都在打混。

我們會在本書第五部分多談自我管理，但請先記得，要在回覆公事時段、工作時數和假日工作各方面，為團隊訂下合理的期待和界線。

真正的問題

要是你擔心以上的問題（或類似狀況），可能原因有三：

■**你看重活動，卻忽略實績**。想想看：用對的方法準時把事情辦好比較重要，還是員工的賣力程度和工時長短比較重要？畢竟，我們要的是結果（成效）對吧？前面幾個問題看的是員工在做什麼、怎麼做，而非員工是否有交出優質的成果。

即使你認同上述說法，要去實踐還是很難。本書作者凱文雖然現在相信要以結果為重，並且也推廣這個觀念，但他以前也時常落入「重視活動卻忽略實績」的這個圈套。他過去很少為團隊成員訂下工時標準，但因為他自己喜歡一早就上班，因此如果其他成員比他預想的還要晚抵達辦公室或線上登入開始工作，常讓他不太高興。後來他想起這兩個概念的區別，並且體認到問題在於工作品質。既然這樣，還有什麼好糾結的？既然只要在週五會議前寫好文案，幹嘛要去管人家早上九點或晚上六點完成？我們要特別強調這點：你的職責就是支持員工在時限內，以符合水準的品質做好該做的工作。還有，我們把大家避諱的問題講白：只要能做好工作，也沒害到團隊，員工在上班期間跑去洗個衣服又有什麼關係？

- **你覺得自己會分心，就類推其他人也會分心**。你本身可能不太習慣在安靜的自宅環境工作，或很需要通勤往返辦公室的那種規律感。這樣是可以的，建立慣例是一件好事，但你自己習慣這樣或曾經這樣過，不表示其他人都必須跟你一樣。
- **你基本上覺得「大人不在，底下就會亂」**。要是你覺得員工只有在被監督時才會有效工作，恐怕你帶領任何團隊時都會遇到阻礙，尤其是遠端團隊。你覺得自己不在場，大家就會亂搞嗎？別忘了，只要能做好工作，有什麼好擔心的？

嗯，還有另一個非常可能的原因：

■**你是個控制狂**。以上三個原因當中，背後暗藏的根本因素是：如果你怕自己沒辦法引領遠端團隊邁向成功，很可能表示你是控制狂。要是大家都受過良好培訓，擁有所需的工具和資源，也有你的支持力量，他們自然就會成功。如果你很想要掌控且有管太多瑣碎小事的傾向（若別人經常向你反映這點，就表示你真的管太寬，只是沒自覺罷了），那麼遠端領導對你來說挑戰難度會更高。

要是你對上面提到的幾點深感認同，這裡提供幾個建議。

■**共同設立流程**。提供輔助工具、標準作業程序、工作進度表和實際典範來幫助團隊成員工作。這些不僅對良好績效來說很關鍵，也在遠端工作環境中扮演重要角色，因為成員難以看見彼此，也很難互相學習。要是大家也能貢獻想法來促成流程規劃，就更能提升員工參與感和成效，也更能讓他們配合。此外，你也能透過這些流程看出成員的進度和狀態，盡早評估進度和實績。

■**提出雙方都明白的期望**。一定要先界定好對工作和結果的期望，還有你打算如何評量成效，並且和成員取得共識。只要大家都知道夥伴已經說好會在當天結束前回覆，就比較不會因沒得到即時回覆而生氣。另外，讓他人參與訂立規則，他們就更會負起責任來遵守規則和好好跟團隊合作。這對專案團隊特別重要，因為人員經常要仰賴彼此貢獻的內容。不過，就算是經常「單兵作戰」的銷售團隊，這麼做也能讓大家更相互凝聚，避免成員心裡懷疑老闆偏袒某些人。

■**改變你的既定看法**。只要相信研究成果，多多留意，說不定你就會對「遠距成員的生產力」這件事改觀。他們可以有極高的產能，尤其是在你有聽從本書建議的情況下。

■**減少自己的控制狂傾向**。雖然說起來容易，但還是鼓勵你朝著「發揮影響力」，而不是「掌控他人」的方向走。確保大家都具備所需的技能和培訓，給他們意見回饋，給他們鼓勵，給他們成功所需的資源和工具，然後就放手交給他們。請跟我們複述一遍：放手吧。

1 Bloom, "To Raise Productivity," Harvard Business Review.

第6章
成果的類型

法則6：成功的領導，必須要能達成各種不同類型的目標。

心中有目標的人之所以能成功，是因為知道自己要前往何處。

厄爾．南丁格爾（Earl Nightingale），電台主持人兼作家

安吉拉帶領一群在家工作的客服代表。他們每個人都有個別的績效目標，包含每日需要接洽人次、首度來電即圓滿處理之案例數量、首度來電無法圓滿處理必須往上呈報之案例數量等。公司鼓勵客服們要多多分享經驗和訣竅，還有互相交流如何短時間取得所需資訊。安吉拉發現，個人績效目標有達成，但很少人利用共享檔案網站，也很少人回答其他人的提問。所以雖然有部分的目標確實達成了，但整體團隊的溝通狀況不盡理想。以前大家都在客服中心的辦公室裡工作時就沒遇到這個問題，讓她現在不知如何是

好。

光喊「領導首重成果」，這樣太籠統，也沒有實質作用。畢竟，你在組織裡有各種想要追求的成果。身為遠端領導者，必須有所覺察，多加思索，並且幫助團隊成員達成各項成果。

閱讀本章時，可把內容當成檢查表使用。問問自己有多重視以下的各種成果類型，想想你與團隊成員對談時，有多常會提及哪種類型的成果。

全組織成果

你的組織會存在，自有其目的。如果你、團隊還有組織無法同心協力顧及這些目的，恐怕不會有好成果！根據你所在的組織規模大小，你可能必須參與全組織的目標設定，或只需要理解組織的目標，然後幫助團隊達成已為他們設好的目標。

舉例來說，要是你在小型組織工作，可能會參與組織設立年度目標的會議。如果是這樣的話，你必須徹底理解這些目標（甚至有使命必達的熱忱）。要是你是《財星》五百強企業公司的中層主管，公司在度假勝地召開年度業績目標會議時應該沒你的份，但你在理解、傳遞目標方面也同樣重要。

無論這些目標怎麼設、設立者是誰，領導者一定要熟知目標的內容，才能幫助團隊成員（個別和集體）順利實踐目標。組織規模越大，你和總體組織目標項之間的階層越多（像是部門、單位）。不管居中有多少層次，你有責任要去瞭解、溝通和依照目標分派工作項目給各團隊成員。請思考以下問題：

- ■這些目標有多具體？
- ■你多常考量這些目標項目？
- ■你的團隊多常討論或審視這些目標，以便追蹤進度？

團隊成果

全組織會有一些很大的目標項目，其中有些雖然顧及全局，但對你的團隊來說有點太難理解。團隊目標就是你團隊負責要取得的具體成果。你能不能參與設立整體的組織目標，取決於組織規模和風氣。至於團隊層級的目標，職責完全落在你身上。我們服務過各種不同類別的組織，經常發現他們的團隊目標太過薄弱，原因包含：

- ■光憑預想——「人人都該知道我們的目標」。
- ■太過模糊——「把產品銷出去」算不上是目標。
- ■久久才回顧一次——「我們在去年十二月的年度會議上有談過」。

你的團隊成員身處同一工作場所時，很容易順便聊一下目標，或在停車場遇到時互相打個照面談談，還有很多其他方法來加強、釐清各項目標。團隊成員在不同地方個別工作時，要講清楚就沒這麼簡單。大家必須知道自己的職務怎麼配合團隊的努力和成就。問問自己下列問題：

- ■你們團隊的目標項目有多明確？
- ■你花多少時間去思考這些目標項目？
- ■所有團隊成員都曉得這些目標項目嗎？
- ■有沒有跡象顯示有人搞不清楚這些目標？

■你多久會回顧進度一次？

個人／個別成果

大家必須知道自己負責哪些成果、自己正在努力哪些目標，還有怎樣才算是成功達標。就算人人都是團隊的一分子，個別目標項目也不可或缺。拿運動比喻的話，團隊在心中抱持著全組織目標（贏得錦標賽）、團隊成果（輸贏戰績），或許也還有團隊的細部結果（攻擊、防守或是團隊細部分工）。光有這些成果還不夠，個別隊員也要有自己的目標項目（以個別表現或數據來衡量的個人小目標）。除了短期目標項目，他們一定會思考對自己整體職涯發展帶來的影響，而且在這些方面我們領導者也有應盡的職責。

領導者一定要兼顧團隊和個別成果。遠端團隊成員往往只專注個別目標。遠端工作時要協作比較不容易，協作不會輕輕鬆鬆、自然而然發生。領導者要留意這點，並且促進溝通。

記得，遠端作業就好比是獨自住在無人島，不僅與人互動少，也不會有什麼偶遇緣分。如果缺乏堅實明確的目標，個人容易迷失，不僅看不清整體局勢，也忘卻了自己居中扮演的角色。所以，電子布告欄、內部網路和線上專案管理系統等工具非常重要，能讓大家在相隔遙遠的情況下不失指引。

另外還有一件事。「孤島」上的團隊成員可能難以察覺其他團隊夥伴的個別貢獻、角色和目標（其他人可能在辦公室裡，或在自己的孤島上，也可能兩種都有）。人一旦缺乏對他人工作狀況的線索，就更難理解他們提出的疑問，更可能預想其他人閒著沒事做，或是他們做的事情不重要。這種想法，會讓團隊產生嫌隙、挫敗、衝突及溝通不良。身為領導者，你必須要確保大家都有聽聞其他夥伴的良好表現，大家都有機會加強彼此間的信任感。無論你再忙，或這件事情再難，你都不可推辭。

遠端領導時，務必要讓遠端團隊成員瞭解各個成員之間的相互關聯性，還有其他團隊成員的目標項目。你也要決定好，自己要多常關切每名成員的目標進度。這樣較能避免遠端成員覺得被拋棄，或是被管太多。

等等，還沒完

以上描述了任何組織領導者都要顧及的核心成果，也談了要達成的結果。但還有更多微細、偏操作層面的成果還沒交代完。

說到成果（outcome），你想到的大概是工作結果（result），而上面所說的可視為目標（goal）。目標的重要程度自然不在話下，我們緊接著會在書中下一部份談如何訂立遠端團隊的目標。但是，這些「結果目標」只是要討論的成果之一。針對每日的工作，或許可說期望（expectation）還比目標更重要。

期望牽涉到的不僅僅是「重要的目標」，還有完成工作的方法、共同作業的守則、彼此相互扶持的作法、要運用的工具，及良好溝通的樣貌。

如果要得到成功的表現，基礎在於大家都理解且同意的期望，也唯有這樣，你身為領導者才能更成功（而且更冷靜、不會太緊繃）。換句話說，只要期望夠明確且讓人理解，眾人的成功率就更高。此外，也更可能達成前面所提的成果。

本書作者凱文開設工作坊時，通常會做一個練習讓大家釐清對該次學習的目標及期望，並請學員把想法寫下來互相交流。寫完後，開始評析的時候，學員們將找出直接有關他們工作的期望要點。

■期望能幫助我們釐清狀況。寫出來會更明確。你有把對團隊成員的期望白紙黑字寫下來，或只是在心裡預想？

■期望能交代重點，設立要務的輕重緩急。期望能讓大家知道哪個工作事項最重要。你有沒有遇過團隊成員在最重要的工作事項上，居然沒跟上？

■期望能交代脈絡。透過口頭分享，能讓大家瞭解自己和其他隊友肩負的期望。這能減緩團隊中各自為政的孤立情形。你有和整支團隊談談對大家的期望嗎？

■期望一定要獲得雙方明確共識。除非有明確說出的協議，不然大家很容易自由心證。而且，彼此互動頻率越低，就更可能在期望上產生認知落差。切記，光是寄封電子郵件而沒有討論，並沒有真正釐清狀況或是取得共識。

要是成員不曉得你對他們的期望，要怎麼去達成？

你是否預設所有成員「本來就要知道」自己肩負的期望？先容我問個問題。讀完本章內容，你有沒有想要「好好整頓」某個團隊成員？還是說你之所以讀這本書，目的就是為了要更有效帶領那個人？

若是，請問問自己：對方知道你對他們的期望嗎？要是對方不曉得你的期望，哪有可能做到？

領導者最重要的就是對團隊成員設立清楚且雙方都能理解的期望。這麼做的同時，你等於是用簡便的方式就提升了大家創造理想成果的機會。為了讓他人能成功，能有信心，也為了避免你把自己搞得暈頭轉向，所以我們再三強調這件事。

在遠端工作的情境中，「對團隊成員設定清楚且雙方都理解的目標」這件事，就顯得更重要了（問題是，常常做不到），因為此時每個團隊成員都在自己的孤島上，缺乏與你的經常互動來指引、協助設定目標。不過，根據我們的經驗，許多領導者對於同個辦公室裡的下屬，也沒有把這件事情做得夠完善。不管團隊成員工作地點在哪，都要多費心在他們身上，清楚說出你的期望，那麼他們就能更明白成果的具體面貌，以便順利達成。

暫停一下，動動腦

- ▼你們的全組織成果交代得夠明確嗎？
- ▼你們的團隊成果交代得夠明確嗎？

▼每名團隊成員的個別成果交代得夠明確嗎？

▼團隊中的期望交代得夠明確嗎？

▼不夠明確的話，你打算什麼時候開始講清楚？

線上資源

更多資源詳情，敬請參考：www.LongDistanceLeaderBook.com/Resources

想評估你的團隊在目標上是否明確而有一致共識，歡迎到該網站註冊以索取〈團隊目標釐清工具〉（Team Goal Clarity Tool）。

想為辦公室外人員建立有效遠端作業慣例，則可索取〈遠端工作慣例建立檢核表〉（Building Remote Work Routines Checklist）。

第7章

如何設立並達成遠端工作目標

法則7：不僅要設立目標，也要好好實踐。

最重要的不是光設立目標，而是決定好要怎麼做來達成目標，並且確實依照規劃行事。

湯姆．蘭德瑞（Tom Landry），美式足球名人堂教練

法蘭克擔任銷售主管滿五年。團隊中固定有兩人在家工作，其他人多數在同地點工作，只是有時候要外出見客戶。過去一年中，越來越多成員減少進辦公室的頻率，改成在家工作。團隊中績效絕佳的業務員還是達標，甚至不少人有超水準表現，但他發現新進成員的表現不好，他想多多培訓這些人，可是又覺得他們好像也不想聽老前輩的經驗談或忠告。團隊整體銷售量很亮眼，但他費了太多心力管理個別業務員，占用了擬定策略的時間。以前只要「設好就行」的目標，現在卻要花更多心力在上頭。

目前市面上對「目標設定」主題的探討非常薄弱，隨便拿起談相關主題的一本書，會發現裡頭在講設定目標時，雖然有把流程架構交代得清清楚楚，但沒有好好說明怎麼達成你千辛萬苦設好的目標。

這點在許多組織和團隊裡都可以見到。例如某個組織定下一個「設定年度目標」的時限，然後大家就開始努力設目標，把相關的「目標設定會議」排入工作時程——同時間還要忙著日常的「正事」。等到目標拍板定案，也交上去了，所有人（包含領導者）都鬆了一口氣，然後就慶祝一下，或至少公告周知說這件大事辦完了。接著大家回到日常工作崗位，等到大約九或十個月後，再重新跑一次以上流程。

組織面臨的問題就是這樣。只顧「設立」目標，卻忽略了實踐目標才是重點。

要是你經歷過前述的無奈狀況，這裡有個好消息：你能改正這一點。你在改變的同時，團隊也會改善，並且得到永續的結果。

好，分享完我們的觀點後，接著就來談談如何設立有效的遠端作業目標，還有如何把寶貴時間用來達成這些目標。

設立遠端作業目標

大部分的人都同意，目標要符合「SMART」原則，很多作者喜歡用這個具有巧思的字母縮寫口訣。不過每個人實際使用時代表字母可能不盡相同，以下是我們採用的版本：

- ■明確（Specific）
- ■可量測（Measurable）
- ■利於實行（Actionable）
- ■務實（Realistic）

組織……只顧「設立」目標，卻忽略了實踐目標才是重點。

■有定時限（Time-driven）

這套口訣會這麼流行，是因為它很有道理。如果你在陳述你的目標時能符合這些特性，就能增加達標的可能性。

我們的經驗顯示，一般人都覺得在遠端工作狀況中最難處理、最難實行的，就是「目標要可量測」及「怎麼知道目標可以實行」。接著我們來細看這兩項，並討論如何在遠端工作的環境下處理這兩個挑戰。

目標要可量測

某些目標很好衡量。要是你領導的是業務員（遠端或非遠端），就沒什麼問題，因為銷售目標可以清楚量化，只要看營收就知道自己當前的狀況，知道自己距離目標多遠。其他也有許多職務具有可量測的目標。但有些工作就不容易說出明顯的財務或具體目標，此時就要更費心創造可量測的目標。

領導者為了要讓成員的工作表現可量測，不妨探究看看還有什麼方法能把成員的努力和貢獻量化。以下問題可能有幫助：

■工作事項有哪些「可量化」的部份？
■工作事項成效與「時間」有哪些牽連？
■工作事項的「品質」要怎麼判定？

記得，你無法天天親眼看員工做事時，就很容易產生疑慮；雖然我們說過，不要每時每刻都在擔憂其他人正在做些什麼事，不過只要能找出可量測的目標，這方面的疑慮也就容易化解。量測指標本來就應該要明確，而與遠端工作者合作時，進一步細分量測方式又更加重要。獨自作業時，人在自己的小框框裡，如果目標太大，往往要花很多時間才會察覺「目標方向需要修正」。又或許你帶領的遠端成員碰到了問題，但他不願意承認出狀況；又或者他們真的沒看到你提出的補充說明，所以仍使用舊的方法來行事。

韋恩把這些稱作是「威利郊狼」時刻。經典卡通《嗶嗶鳥和威利狼》（The Road Runner）裡，威力拚命追嗶嗶鳥的時候跑過頭，衝出了懸崖。牠會瞬間定格然後摔落到谷底，讓觀眾捧腹大笑，但這對牠而言一點也不好笑。你的團隊成員也是，他們可能驚覺自己做得太過頭，要重新來過，重弄不少東西，或是做出大幅改動。若能經常花點心思審視進度，就能產生莫大作用。要是能看見某個遠端成員進度順利，領導者或許就能夠放心；要是知道另一位遠端成員的交期要到了，領導者也能適時關心看他需不需要額外資源或哪方面的協助。

這些都有一定的助益，但無法針對所有類別的工作或某項工作的所有環節，解決「設立可量測目標」的難題。

再拿本章開頭的銷售主管法蘭克為例。他確實有估算業務對外接洽、談生意的次數。但他有注意業務員互動的頻繁程度嗎？要是團隊目標包含交流訣竅，擁有頂尖銷量的業務員有沒有幫忙回覆網站上傳進來的客戶問題，或有沒有真的依照法蘭克所交代的去幫忙帶新人呢？

兩大類目標

我們目前談了工作的「內容」和「做法」。多數人想到目標時，想到的是「內容」（結果目標），也就是前面所提的。但這樣還不夠，還沒有掌握好團隊成員的「做法」

（「過程」目標）。如果你還是擔心「要怎麼知道沒在辦公室的成員都在做什麼」，那麼結果目標與過程目標就能帶來很大幫助。

傑瑞．史菲德策略？

上網查查，就會發現有個實踐目標的策略掛上「傑瑞．史菲德」（Jerry Seinfeld）的名字。[1]這個概念很不錯，所以在此分享給你。

整個概念很簡單：假設「結果目標」是提升我們正在製作的喜劇的水準，那麼「過程目標」可能就是天天寫新橋段。劇中傑瑞鼓勵一名年輕喜劇演員找一張巨大的年曆掛在牆上，有寫新橋段的那天，就在日期上做個紅色記號，目標是要讓紅色記號連續不斷。

這個策略效用不錯，而且類似的策略到處都有：

- 市面上有很多「養成習慣 app」，像是 Lifehacker 和 Productive，基本上就是這種日曆功能。[2]
- 這樣做紀錄，也是一種「遊戲化」，亦即把活動和學習歷程變得更有遊戲般的樂趣。

■戒癮小組、匿名戒菸會之類的團體也常使用這種策略。

你可以把這種「紅色記號」放在線上儀表（像是 SharePoint 工具、你們公司的內網或專案管理軟體），好讓你和遠端團隊成員能輕鬆存取和觀看，每週做一次進度的查核，讓團隊成員及領導者都看得到，也能在領導者及成員一對一會議（one-on-one，之後會詳細介紹）當中討論。請使用你所處的情境、你的工作性質和團隊成員等因素來決定確切的做法（可使用「過程目標」的形式來衡量）。想好後，就能擁有更多可量測的目標了。

什麼是務實的目標

對 SMART 目標的另一個常見討論是「要怎麼判別務不務實？」以下是「不務實」的狀況：

■目標太簡單，可以輕鬆漂亮得分。

■目標大到團隊成員都覺得不可能達到。

務實的目標不但要能擴展你的信念，而且還要讓你建造出可行、真實的計畫，來讓你達成目標。

以上的說法，可以想像成一條橡皮筋的樣子：要是光把橡皮筋擺在桌上，對我們不會有任何用處（橡皮筋太輕鬆）；若橡皮筋被拉到斷掉，這樣也沒用。這個比喻和本書前面說的是同樣道理：目標設太大不僅沒幫助，反而讓人沒動力。橡皮筋拉的力道剛剛好，就能讓我們往張力方向移動。這譬喻講的就是強而有效的務實目標，而把目標設立得恰到好處很重要。

我們也希望能對「到底怎樣才務實」或「怎樣算適中」給出明確的定義和答案，但身為稱職的顧問，我們首先要說的是「看情況」。

「務實」要看的是哪幾種情況？

■**過去績效**。如果團隊某個成員之前完成四份流程改進專案，那麼要求他下個年度完成五到六份計畫，可能算務實，十份恐怕就太過了。要是有團隊成員去年完成九份，下年度十份聽起來太輕鬆，目標鎖定在十三到十四份應該更適合。

- **信心高低**。信心對目標達成與否有很大的影響。要是有個成員缺乏信心，或對這項任務特別沒把握，你在設立務實目標時也要把這點列入考量。這不是要為低落表現找理由開脫；而是，身為領導者，要幫助成員建立信心，讓他們達到更高的水準。
- **近期的發展或技能途徑**。大家技巧培訓的情況如何？要是他們上一個季度比前三季表現更亮眼，或許能用近期表現來設立年度目標，而不是整年平均。
- **看待事情的觀點**。這和信心有關。個性上易猜忌、或像《小熊維尼》中的超級悲觀人物「屹耳驢」，會傾向把目標設低一點，因為他們特別容易看見阻礙、隱憂等負面因素——但領導者恰可趁機指導他們。不過也別忘了，個別成員的信念，會影響到他們對務實與否的判斷。

務實：如何讓目標利於實行

以下建議如何讓遠端團隊成員的目標更務實。（整個團隊一起設立目標時，也適用以下的方法。）

1. **提供所需資訊**。務必要讓每個人知道今年績效如何、組織明年鎖定哪些目標，以及各個目標相比之下，重要性及優先排序為何。
2. **期望他人參與**。要告知大家（尤其是新進成員），設立目標的流程將採取共同參與的協作方式，請大家事前做好準備來參加討論。所謂的「準備」，不是打開網路攝影機當下順便想一下就好。假如討論時沒有視訊畫面，領導者就無法看到有人一臉擔憂的模樣，有人絕望到肩膀都垮了下來。切記，乖乖配合和真心認同差別很大。
3. **先得知對方的想法**。要是想訂出大家會努力求取的務實目標，一定要先展開對話。身為領導者，要是你先開始講話，或由你主導，就沒有辦法產生真正的對話。要是員工沒有預備好對目標的看法，最好再次重申，要求大家務必做好預備（還有，重新排定討論的時間），而不要搶先開始論述你的想法。領導者一定要安排好時間來對談，因為與坐著喝咖啡聊事情的環境相比，在虛擬的環境裡人們更傾向擔憂「不要浪費時間」。你不但要在自己心裡把這件事列成優先要務，也要讓員工確知這件事很重要。

4. **必要時加入你的想法**。想要員工對目標有責任歸屬感，就要讓他們自訂目標。萬一你覺得他們設的目標太輕鬆，或是不夠符合全組織需求，你可能要幫大家把橡皮筋拉緊一點。這不是你單方面的改動，更要與成員好好討論，讓他們知道，設定比較高的目標其實對彼此來說都還屬於務實的範圍。務必要在談話時，讓員工對於「已提高的目標」感到自在、有把握。你想要取得共識，但這不表示你對於團隊成員自訂的目標，必須全盤接受。畢竟你可是領導者呢。

5. **達成共識**。只要能找出大家都可接受的 SMART 目標，就取得了達標的最佳起點。你想要的是「團隊成員真心形成共識」，但實際上你得到的可能只有「大家理解或願意配合」而已。即便如此，對話過程也是值得的。

以上談的主要是個別目標，但團體目標也適用同樣原則。無論是和整個團隊的人共聚來討論，或者是使用線上會議工具，流程都一樣。我們每年都是用這個做法來訂立公司的營業目標。如果想要讓團隊對目標產生歸屬感，務必要先讓大家取得所需的資訊，接著針對目標項開啟對話。如果領導者以上司身分提供目標數字，然後問大家「各位覺得如何？」得到的回覆通常有兩種：

■不贊同，但也不知道怎麼接話。

■答應。大家會為了配合而答應，但這目標並不真正屬於他們，他們也搞不清楚目標的務實程度。再說，配合不等於責任歸屬感。當團隊成員不在同一個空間做事，就會缺少一些視覺或非口語的線索來觀察成員到底是虛應故事配合，或是真正具備歸屬感。

讓目標務實很重要。要是能夠給予團隊成員導引和動力，並且取得你和其他參與的人同意，這樣就是務實了。

盡早規劃如何實踐目標

先前說過，組織和個人很容易把焦點放在設立目標而非達成目標。要克服這個問題，有個簡單且具體的作法，就是把目標設立和執行目標規劃流程相互結合。目標剛設定時，也是大家最有幹勁、熱忱和最清楚目標的時刻。所以設好目標後，就要趕緊花點時間規劃如何行動，這樣才能奪得先機。

要是你們在會議中一起創立了目標，而你還不想立刻動手規劃如何行動（假如會議中很快就達成共識，或許可以接著討論一下如何執行），此時就可以先討論「什麼時候要完成執行計畫」。確實訂好日期，同時決定這個重要的下一步會需要用到哪些科技。只要能在接下來幾天規劃好，就能夠得到這些「先發制人」的優勢。

從遠端達成目標

就算你設好目標的當下，就盡速規劃實踐目標的步驟，整件事情也還沒結束。你一定要把步驟做出來，還要真正動工來達成目標。

要是達標很輕鬆，就不會有一大堆書籍討論「如何達成目標」這個主題了。目標不是憑空就能達成的，事情的先後順序會變，緊急狀況會出現，其他有的沒的都可能發生。把這一切搬到遠端情境中，團隊就會更難辨清現狀，更難變換方向，領導者也更難提供協助。員工常常獨自做決策，結果影響到了長期目標和團隊目標，但等你知道的時候已經太遲了。身為遠端領導者，你和員工的作業流程要能夠應變突發狀況，並且讓大家都在正軌上行動。

要先設出明確期望

一旦做好規劃，務必要讓大家知道規劃不是看看就算了，而是要用來按圖索驥的導引。就連GPS都會在旅程中不斷調整路徑估算結果，讓你朝目的地邁進。你和團隊成員都要理解計畫，都要思考落實到日常情境中會是怎樣的，還有意外狀況發生時要怎麼應對。

視覺化處理

一九七一年，迪士尼樂園開幕，但華特．迪士尼（Walt Disney）已經不在人世。洛伊．迪士尼（Roy Disney）是迪士尼公司高層主管，也是華特的哥哥。有人問他，要是華特在天之靈見到樂園完工的樣子，會有什麼感想。洛伊簡短回答：「這你就不懂了。就是因為華特見過樂園樣貌，我們才做得出來。」只要我們清晰讓大家看見結果，目標就更容易達成。跟員工談話時，最好能清晰呈現目標的樣貌，尤其是遭逢難題而一籌莫展的時候。遠端團隊成員碰到難題時，可以利用線上會議工具加攝影鏡頭，把對話效益增到最大。

期望不斷實行

達成目標的最佳方法就是按部就班。還記得本章前面提過的「傑瑞．史菲德策略」吧？鼓勵團隊成員不斷努力規劃如何實踐目標。不必要求每個步驟都做很多，該重視的是進展。一步一腳印累積，往往比偶爾短時間衝刺能走得更長遠。

把目標規劃進度納入討論會和一對一對談之中。這樣溝通能讓你維持在狀況內，迅速排除阻礙，並且強調實踐目標的重要性。這還能幫雙方減輕壓力——身為領導者的你能得到所需資訊，但也因為雙方都同意，所以不會讓團隊成員覺得你在管東管西。

提供時間

建立了一個目標，就代表那個目標有其重要性，要拿出時間來實行。身為領導者，務必要幫助大家掌握進度，並有充分的時間來好好實現目標。記得，遠端作業時，成員可能為了彌補時間不足的問題，而投入更多工時或放掉會影響他人的任務。協助員工用務實的方式規劃時間以順利工作。

保護你們的時間

規劃目標很重要。我想你八成有過以下經歷：明明已為重要的事訂好日期，但臨時要開會或當日有急事出現，耽誤到那件重要的事。設想，萬一某人心臟出毛病已經跟醫生約好日期看診，他會因為當天要開會，而取消就診嗎？恐怕不會吧。

你（或團隊成員）既然排好時間要處理重要的事，例如目標實踐或重要專案，就要認真看待這些時間，跟「看心臟」一樣不能隨便放棄。只要遠端團隊成員好好排定時程，並和其他人協調好而不會受干擾，整個團隊就能以超乎預期的迅捷速度完成更多目標。遠端或混合式團隊中，要能有效達成這點，務必要共享時程表，還要有個能討論期限和要務順序的平台。

目標就是優先要務

要是你們只在設立的當下把目標視為優先，要達成的機會就微乎其微，甚至乾脆不要設立算了。只要照著本章的指引去做，團隊成員就會真正把目標視為優先要達成的事。

定期回報和討論

要幫助他人達成目標，很有用的做法就是定期討論。這裡指的是認真對話，而不是「報告一下」。進度報告或狀態更新很好，但沒辦法讓你知道成員是否有人有疑慮或太過樂觀。想取得更多進展，就要把目標進度納入對談中。可以把目標底下的項目再細分成漸進達成的，這樣讓成員有機會頻繁聯絡。記得，你們無法在走廊上碰到面，所以要對這些簡短而關鍵的互動多花心思。

提供資源

領導者的職責包含幫助成員排除障礙，給他們各式工具和資源來讓計畫成功。時間是資源的一種，但還有其他資源，像是讓成員知道能在組織裡找誰取得資訊或技術。幫助他們達成設好的目標，這是你該盡的職責。

保有彈性

關於目標設定這件事，在組織內部常會聽聞這種抱怨：世界越快，目標則無用，因為計劃趕不上變化。這麼說有些道理，企業會被併購，新專案會跑出來，新產品會出現，要務順序也一天到晚在變。領導者要讓目標所牽涉的成員及優先順序有些彈性，必要時也得把一些事情調動到後面（或整個汰除）。這裡提供兩項建議：

■承認情況可能隨時間而改變。

■共同合作來做出必要調整。

暫停一下，動動腦

▼你們的目標符合SMART 原則嗎？

▼你有同時兼顧「過程目標」和「結果目標」嗎？

▼你有充分運用以上兩類目標嗎？

▼你是否把力氣都放在設立目標上面，沒有好好投注心力實踐計畫？

▼你要怎麼促進團隊達成設好的目標？

線上資源

想要遠端協作來建立目標的話，歡迎到以下網站註冊，以索取〈遠端目標設立檢核表〉（Remote Goal Setting Checklist）：www.LongDistanceLeaderBook.com/Resources

1 Here is one source for the anecdote, although note Jerry Seinfeld's response to it in the footnote: James Clear, "How to Stop Procrastinating," James Clear blog, https://jamesclear.com/stop-procrastinating-seinfeld-strategy.

2 Tomas Laurinavicius, "34 Best Habit Forming Apps of 2017," tomas laurinavicius blog, March 30, 2017, https://tomaslau.com/habit-forming-apps.

第 8 章

從遠端進行教練並給予回饋

法則 8：無論成員在哪，都要指導團隊有效運作。

能為他人做的一大好事，就是讓他們知道如何進步。

威斯．羅伯茲（Wess Roberts），書籍作者

海倫帶領客服團隊時遇到難題。有一半的團隊成員在客服中心現場，另一半則是在家工作。她知道，當教練並持續給予回饋，對團隊的成功極為重要，而且她在擔任教練和培養成員方面一直做得很好。但近期的跡象顯示，與她在同一個地點工作的人，對於她的教練的評價，遠高於遠端人員給她的評價。因為她很難排出時間跟在家工作的人會談，而且她和這些在家工作的成員對於教練的品質都不滿意。她很想知道自己哪裡做錯了，也想知道遠端教練的效果是否真能達到現場工作教練的水準。

整體來說，「教練（或指導）」是個很大的主題，談論的相關專書和課程太多了。要是你的企業已有既定的教練模型或流程，本章的內容將可強化你們的教練內涵。若還沒有，可參考本書作者凱文的《卓越領導力》，裡頭有提出簡易模型。

如何進行遠端教練

在領導力的各種能力素養當中，最需要加以強化的，我們認為就是「教練」這件事。教練也是遠端領導者常自認為要加強的方面。時間永遠不夠，遠端對談可能讓人感到不順暢，且領導者也沒把握自己能做得好。遠端工作模式又把這一切弄得更複雜。當然，教練的基本原則（包含目標要明確、團隊關係要建立、要鼓勵也要糾正）不會因為你們在同一個辦公室，或相隔大江大海而有差別。可是不知怎樣，教練這件事就是特別困難。

遠端教練之所以讓人覺得更加複雜也易造成壓力，有兩大原因：

每次互動都要刻意安排。工作地點不同，不會在茶水間相遇，不會正好瞟見某個員工於是直接走過去跟他聊一下。你反而要特別費心引起對方的注意，並要在你自己（還有他們）正忙的時候，特別騰出時間來互動。如果你生性不喜歡這類型的對談，遠端工作會讓你更想逃避這件該做的事。

比起當面對談，用科技溝通會在精神和社交方面形成額外阻礙。在面對面溝通的情況下，我們的表現最好。遠端互動時，中間隔了一層似乎很礙事的科技，而且更傾向於會感受到時間壓力。要是你曾經在線上對談時說道：「給我一分鐘就好，等會你再去忙你的……」然後匆忙帶過應該要充分討論的事，想必一定很有感觸。

這樣的話，該怎麼辦呢？以下就針對遠端工作容易遇到的前述兩大問題，討論解決之道。不過這些解決之道也適用普遍的職場教練工作。

劃分清楚責任歸屬

一流的教練會關心和思考團隊成員的表現和技巧。身為領導者，要是有人表現不佳，你會自覺要擔負責任，你可能會想：應該用別的方法指引他，換種方式來激勵他等等。不過，績效表現的最終責任，還是在執行者的身上。你的職責是提升他人的信心、技巧和專業能力，因為真正做事的是他們自己。

確認你自己的信念

你對團隊成員抱持的信念，會明顯影響他們是否能把事情做好。可以這樣想：你相信某人會成功的話，就會多注意是否有跡象、實例、電郵內容和工作結果來證明他們快要成功了（亦即驗證你自己對他們的想法）。反過來說也是同樣道理。你對某人有負面看法，就認定一切了。當你與成員不常碰面時，上述現象更明顯。

這種叫做「先入為主的偏見」（confirmation bias）。遠端工作環境能用來判斷的資訊較少，因此偏見又更容易加深。人腦處理電子資訊的時候，較不容易注意到相互衝突的證據，這點完全不同於處理當面互動的資訊。因為你通常會快速瀏覽過電子郵件，除非有特別引起注目的內容，不然你很可能會看漏一些「不符合你對某人能力和動機判斷」的細微處。

往好的方向想，同時預備好可能誤判

我們對於他人能力和其工作結果，常會抱持著以下兩種態度之一：

■先做最佳預想：剛開始進行教練時預設對方狀況良好，就算他搞砸事情或是沒達成目標、沒如期完成任務，也是有一些可以體諒的原因，而不是他能力不足。

■先做最壞預想：剛開始進行教練時預設對方明知哪裡不足卻故意怠慢，或是根本沒搞清楚問題。

你起初的預想，會影響你提問和給予回饋的方法，這樣說沒錯吧？我們相信，先做「好的預設」通常會比較準確，而且能帶來更佳的教練結果。

當然，我們也必須「預備好可能的誤判」。我們做了正向的預想，卻可能判斷錯誤。這個時候就要以更嚴正的態度來教練。此時的對談可能不輕鬆，尤其是要遠端連線，但只要運用本書教導的做法，我們相信你一定能成功。

別忘了，教練要看的不是員工當下的表現，而是他們可以做到的表現。領導者要找到相信他人、相信他人潛力的理由。如果一開始就覺得對方很差，那也不用做教練了。而且在遠距的環境中，領導者要付出更多的教練心力。沒關係，這些都是值得的。

對談要真情實義

許多擔任教練的人，自己講太多話。你若想好好指導人，就要創造出真正的雙向對話，讓對方談他們的行為和工作結果。最好的方法就是先問他們想法，並透過「讓對方先說」來創造對話。在遠端時，盡可能提升對話效果。（這就是要好好利用視訊鏡頭的時刻，後續會再詳談。）對話中出現停頓時，要用提問來打破沉默，而不是給個陳述。

人很可能一不小心就掉入講太多話的陷阱，尤其是用語音通話，無法判斷對方反應如何。記得，要是你為了打破沉默而開口說話，等於是叫對方安靜下來讓你講。如果都是你在說，他們可能越聽越抽離。尤其你是上司，權力結構偏向你，所以你一定要努力平衡，多問對方想法，自己少說點話。

對工作的期望務必一清二楚

如同我們在三個O模型中看到的，最基本、最重要的就是領導者要以取得成果為目標來教練他人。明確表達出期望，雖然不代表期待一定會達成，可是若要進行有效的教練，則明確表達期待確實不可或缺。若是員工不清楚期望，就要在教練過程把這點擺第一，再來處理其他事。也可以把期望用白紙黑字寫下來，這樣就夠清楚了。我們相信這樣做較容易指導好遠端工作者。

光是透過通話，你可能不免會懷疑對方有沒有用心記住內容，或是到底有沒有聽進去。利用科技來進行教練對談時，雙方都能直接在通訊裝置上看見記下來的注意事項和期望，這樣可以在對談期間和對談結束後擁有確切可循的根據，也容易把事情釐清。你們可以共享螢幕來一起建立文件或觀看參考文件，這樣比較容易把事情交代清楚，讓雙方畫面「觀點」一致。

要有流程

要是你有教練的標準作業程序，那就拿出來用吧。多數的教練模型都是為了當面溝通的情境所設計，但如果你有好好考量本書提到的建議（包含後面會提到溝通和運用科技的幾個章節），就可以放心了。

團隊成員不需要知道你採用什麼樣的教練模型或風格，但他們能從你指導方式的規律性獲得益處。只要成員知道你怎麼教練、多久教練一次，就能減少他們的不安和不確定感。

要規律且頻繁地進行教練

我們一再強調：員工需要持續不斷的教練指導和回饋。可以這樣想：要是你本來表現優良，但從沒得到回饋，你可能在不知不覺中改變原來做法而變得退步，或者是想要嘗試其他方法而沒有得到好結果。如果能從領導者的回饋中知道自己走的道路是正確的，就會維持正確的方向，並養成習慣。

相反地，如果有件事情你做得不好，自己卻都沒發現，若沒有教練或回饋，可能會以為一切都沒問題而繼續一路錯到底。領導者只要持續不斷提供回饋，就能避免前述兩種情況。領導者必須要安排好一連串正式、約好時間的教練時段。遠端工作時，領導者常傾向「短時間、不頻繁」的教練時段。其實，教練團隊成員是很關鍵的一件事，應該要視為優先要務，不能隨便退讓！另外也還有非正式的教練時刻，後面很快就會介紹。

善用視訊

因為教練這件事太重要了，所以我們要想辦法讓溝通過程有效果。為什麼當面溝通比視訊通話來得好？因為人必須使用視覺畫面和非口語線索來輔助溝通。人腦渴望跟說話對象產生視覺上的連結。稍後我們還會談到網路攝影機以及其他工具，這些工具能化解雙方身處不同地點所造成的問題。

很多人在鏡頭前會感到不自在，而且要是我們本來就排拒難談的話題，用視訊來談則效果會更糟。不過，習慣透過視訊之後就好了，反覆視訊之後壓力會減低。對於不喜歡視訊的員工，可以不必要求他們必須隨時視訊，這樣他們也會很感激你的體諒和彈性。不過，要是只有在要談棘手話題時要求他們用視訊，則會產生新的麻煩，也就是每次還沒開始談，就讓對方壓力很大了。要有彈性，但也要堅持或要求經常使用視訊，這樣才不會讓每次視訊對談都代表「出事了」。

後續跟進

進行完教練對談，也決定好幫助大家向前的行動計劃，然後……就沒有然後了。沒有然後的原因，不管是缺少控管力、時間管理不佳，或是覺得一切沒有問題，都會讓你的團隊成員覺得教練這件事沒什麼大不了，未達標也沒什麼大不了。或許團隊裡某個成員可能很討厭每季跟他談一次他報告遲交的問題，不過，如果沒有後續跟進的話，領導者等於釋放出「事情沒有多重要」的訊息。同個地點工作的情況下，已經常出現「跟進」沒做好的情形，遠端工作時領導者面臨的問題通常只會更嚴重。

如果遠端通話時，通話結束後領導者才想起忘了和對方談到某件事，這時已經錯過機會了；或是通話期間有一方正在通勤，所以對話只好盡量簡短。以上情況並不符合我們所說的「理想對談」。在同地工作時，至少能在走廊上見到團隊成員，或是經過員工的辦公桌前就順便講個話。看不到帶領對象時，你就不能臨場隨時補充，反而要多多留意和用心進行後續跟進。

要關切，不要查勤

我們很喜歡「要關切（check in），不要查勤（check up）」這句話，因為就算是最熟練的團隊成員，也不會反對你的關切，尤其如果這些關切是定期且已排定的。而就算是資歷最淺、表現有待加強的人員，也不喜歡「被查勤」。兩者之間的差別通常很主觀。

首先，你抱持的意圖務必要是去關切狀況以便提供支持和協助，而不是在他們背後監視。要避免造成這種觀感，最好的辦法就是事前規劃好你要怎麼提供協助，雙方約定方便聯繫的時機和方式。最好也能在設立目標和期望的同時，就對如何溝通、多久溝通一次達成共識。只要預先講好關切的頻率，就比較能避免引發誤會。

就算不自在，還是免不了要教練

教練是領導者的職責之一，但在遠端環境中，特別容易想要避免這件事。假設有位團隊成員沒把某件事做好，或是出了包，問題或許不大，但還是要去談這件事。你可能先擱著不管，暗自希望狀況會自己改善，或是你不喜歡衝突對立的情境，所以只寄電子郵件「通知」而沒有「對談」。有些領導者會拿時區不同當擋箭牌，沒有好好去積極處理問題。忽略、拖延或躲避該教練該指導的事，就等同你默許不良行為持續下去。縱使在遠端環境中，還是要提供教練，幫助團隊成員把事情辦妥。

如何在遠端環境給予意見回饋

回饋不等同於教練，但教練一定需要用到回饋。以下有幾個與回饋相關的提問，以及該如何在遠端環境裡給予團隊成員回饋。

對方對回饋的接受度如何？

就算我們盡量用最好的方式、選最好的時機、用最好的文字來給予回饋，回饋實際得到的接受度，還是得視對方的主觀認知而定。團隊成員主要受到以下三個因素的影響，來看待領導者給的意見，並判斷領導者的意見是否有用。

■**地位**。你是上司，你的權位自然會讓大家聽從你給的回饋，但他們對回饋的重視程度可能不如預期。地位是你自動就有的，也是這三個因素中價值最低的。你只憑靠地位嗎？那麼你大概只能獲得團隊成員的順從而已。

■**專業能力**。人都會重視他們認為有真本領的人所提出的回饋。要是團隊成員覺得你的相關經驗或知識不足，他們就不會重視你的回饋。身為遠端領導者，要建立經驗與知識的信譽比較不容易，你得設法讓成員知道你的背景來歷以建立這方面的信譽，但又不能顯得驕傲自大。記得，你不能事事都精通；有時候讓團隊其他有相關專業能力的人來給回饋，說不定效果更好。

■**交情**。我們都曾跟外行人請教過問題。為什麼？因為我們信得過他們，相信他們會真情回饋。我們知道他們說話真誠，而且會用回饋來幫助我們，就算有時意見不中聽。遠端領導需要更費心才能和團隊成員建立好交情，但這些努力很值得。

要對哪些事情給回饋？

重要的事情一定要給予回饋，也就是工作中最重要、能帶來最寶貴結果的環節。要是你收到一些針對繁瑣小事的回饋，你八成對回饋內容或提出回饋的人感受不佳。遠端工作因為成員間互動少，只會讓這情況雪上加霜。

務必要給出有意義的回饋，而不是看到什麼小事都給意見。若回饋內容很重要，也要讓對方知道「這很重要」。

回饋怎樣算實用？

明確且具體的回饋才有用。要做到這點，可以舉實例、引證和你觀察到的行為。有明確的資料，就能較快卸下對方心防。可以透過共享螢幕的技術，讓彼此一起看到你的資料。有時因為你無法看見成員，因此比較不好觀察他們的行為。「請避免指責客戶錯了」會比「請注意電子郵件的遣詞用句」更具體。

回饋除了要明確具體，也可搭配實例。這不只適用於員工犯錯的情況，讚揚員工表現良好時也要用同樣的原則。說到這點，就牽涉到下個問題。

正負面回饋的拿捏？

我們堅信（且有研究證實）多數人在職場上接受到的正面回饋不夠多，包含上司或其他人所給的回饋。[1] 遠端作業時，這點又更嚴重。透過講電話的方式給回饋，容易偏向公事公辦。因此，在遠端環境中團隊成員可能傾向於認為自己收到的負面回饋，多於正面、鼓舞的回饋。正面的回饋很重要，所以要記得講出來。怕忘記的話，可以事先記下來提醒自己。

還有，不要講一些抽象的正面話語，以為這樣就是很均衡地給出了正面和負面回饋。成員需要知道自己哪些地方表現好，哪些地方要再調整以求進步。因為好壞都有，所以你務必要掌握狀況，讓你說出的觀點不偏頗。

如何傳達回饋？

給出回饋前，自己要先做好預備。花些時間來整理你的想法，準備好要講的例子，並且釐清要傳達的內容。可惜的是，許多人做好萬全預備後，就會搶先說出自己準備的內容。其實，展開對話時，應該要先請對方分享他的自我回饋。可以這樣問：「你覺得，狀況如何？」或「你想給自己什麼回饋？」這些都是開展對話的好方法。如果你這個上司先開口，那要叫下屬還有什麼話可說？如果你們是用電話溝通，記得停頓時間會感覺比平常更漫長、更煎熬，這樣會讓你想急著說話。但若想得到對方意見，就得拿出耐心等待。

你是否向前看？

多數回饋講的都是已經發生的事情。針對已經過去的事情加以回饋，固然可以提供脈絡和資料，從而帶來助益，可是如果想讓這些資訊發揮作用，就一定要讓回饋連結到「接下來該怎麼做」。著名的職涯教練馬歇爾・葛史密斯（Marshall Goldsmith）把這個概念稱作「前饋」，也就是針對「從今以後」該做或改變的事項。[2] 從遠端進行教練

> 透過講電話的方式給回饋，容易偏向公事公辦。

和提供回饋時，常犯的毛病是沒有好好確認對方是否真正理解，沒有用充足的時間把回饋訊息完整講述，或者沒有把相關事件串聯起來好讓對方瞭解怎麼用過去的經驗改善下次狀況。

績效管理怎麼做？

「績效管理」和「績效審視」對你所有團隊成員來說都很重要，不管他們人在哪裡。在遠端領導時，一定要更加留意，花心思把焦點放在團隊成員身上，才能辦到這點。

我們發現，遠端團隊的成員比較難進行較長遠的思考，也很難跳脫框架思考。因為遠端成員間的互動次數減少，領導者較容易關注任務本身，例如「什麼時候要填完績效評鑑表」。說到這裡，你應該知道問題了。

我們開發出一套線上工具來幫助你把績效管理做好。詳情請參考本章結尾的線上資源。

妥善分派工作

領導者常在分派工作上遭逢困境。我們相信，分派的步驟本身比較沒有問題，因為只要你有根據充分理由來決定要分派工作，剩下的就是教導和指引。若你有採取正確的方法分派工作，則在遠端環境下只要做些許調整就好。

大家對分派工作的感想

在工作坊時，說到分派工作一事，學員們幾乎異口同聲接完以下兩句話：

■想把事情做好，就應該＿＿＿＿。

■分派工作給別人（或教別人怎麼做）更耗時間，還不如＿＿＿＿。

為了怕你不知我們在說什麼，還是公布一下答案：自己來。

大家常拿這兩句話當藉口，而沒有把工作分派出去，且從「當下」來看這樣做確實沒有錯。要是你想把自己早就熟悉的事情分派出去，沒錯，自己來會比新手做得更快更好。但是分派要看的不是第一次而已，而是要顧及長期。且重點不在於你，而是要幫助他人達成組織目標（請注意模型裡所講的「成果」和「他人」那兩個O）。如果你希望員工接手新任務能成功，你一定要把教導他人的時間當作投資，這樣不僅能幫對方，也能幫到你自己。

分派工作需要耐心、時間和努力，你可能會忍住不自己跳出來做。而在遠端操作起來又會更困難。請你多花些時間，好好安排對談來關切對方的狀態（關切這件事很重要），還有把焦點放在讓他人成功，而不是自己能完成任務就好。

遠端或混合式團隊的工作環境中，在分派任務上還會遇到另一個波折。許多職場團隊裡會有些不愉快，一大原因就是「被分派」工作的人覺得苦差事都落在自己或自己小組頭上。譬如，坐辦公室的人常常會說：「遠端工作者當然能完成比較多的進度，因為主管動不動就加派苦差事給我們。」請讓團隊所有成員都知道其他人在做什麼，還有新派任務要交給誰做。公不公平的主觀感受，其重要性可說不亞於真正狀況公平與否。

分派工作的焦點要搞清楚

很多談領導力的書籍都會告訴你，一定要把工作分派出去。領導人的時間寶貴，要是不把事情分派出去，就會自己做到死，讓工作和生活失衡。雖然我們贊同這個看法，但這種思維可能暗示著：分派工作是為你自己著想。

這樣就是放錯焦點了。

如果你覺得分派工作出去是為了你自己，那麼你的分派就錯了。此時你會缺乏耐心，最後「證實」前面所說的「還不如自己來」。換句話說，這不叫作分派，而是把事情丟給別人做。

如果你覺得分派的目的是要幫助成員做好新任務，讓成員在責任上有成長，對團隊有貢獻；如果你覺得分派工作雖然要耗時，卻是很值得的投資，那麼你的分派就對了。這樣一來，你要派案的對象較可能願意接下工作並好好達成，你也能讓團隊變得更有彈性。

做好以上這些事的同時，你自己的負擔也能減少，這點也很重要。

換句話說，別忘了三個O模型，把自己擺最後，分派就會更順利，你也能獲得想要的成效。

優質的遠端一對一教練會議

教練流程的核心，就是一對一會議，也就是在事前規劃好的期間坐下來談當前狀況，還有你能提供什麼協助。以前可以把這樣的會談稱為當面（face-to-face）會議，但現在要改稱一對一會議（one-on-one）了。

很多人覺得一對一會議就是狀態回報或訊息更新，我們也認同這是需要談的內容。但我們也相信，這些對談還必須要有教練的成分在。想要讓遠端一對一會議發揮效果，就要把以下重點牢記在心。

排定時程

跟每個團隊成員談好要會談的時間。要是他們不太想參與，那就要再協調，或先依照對方接受的頻率，往後再視情況提高頻率。每個成員對於多久舉行一次一對一會議，都有不同的想法。員工的工作性質、對工作的經驗及信心、領導者能提供的支持、員工的意願等等，這些因素都會影響會議安排的頻率。

根據我們的經驗，頻率從天天（但每次指導內容比較少）到每月一次都有。我們通常建議每週或每月至少要有一次，根據前面說的因素來決定。我們也建議，最好要提升與遠端團隊成員會談的頻率。一對一會議是聯繫遠端人員的重要方式，因為遠端成員通常缺乏團隊的聯繫。

善用工具

一對一會議的方法應該盡可能更豐富，盡可能使用視訊鏡頭、螢幕共享和儀表板工具。相信大家都常在機場或旅館大廳（甚至是公廁）看到有人正在視訊討論重要的公事。其實，這種會議太重要了，不應該用這種零碎時間或通勤、旅程時間來開。會議要選在彼此都能專注討論的時機，才能促進雙方成功。

為會議共擔責任感

這些會議對領導者和團隊成員都有好處。你希望得到更新訊息，有機會來支持、鼓勵員工，以及視情況糾正他們；員工則需要獲取指引、資訊和鼓勵。這場會議不屬於你，不屬於對方，而是雙方共同擁有的。不是把話說得動聽就好，而是雙方都要認真看待會議，排出時程、做好準備再參加。以上這些事情，雙方都要負責讓它們發生。舉例來說，在Intel公司，是由員工（而非領導者）負責制訂這些會議的議程。3

先讓對方開口談

因為你是上司，雙方存在著權力不平衡的關係，這表示必須要由你來確保雙方都對會議擔起責任。記得我們先前所說的，要讓對方開啟對話，把話語權交給對方。只要你讓對方先講，結果就是雙贏。要是你太在意時間或太強調完成任務，就很可能忘記要多讓對方講話。

排定當面會談

工作情境允許的話，就安排時間進行當面對談。既然要建立好團隊成員之間的關係，就算你（或對方）必須多待一天或晚點才搭機回去，也沒關係。好好利用這段時間來進行當面的一對一會議。盡可能把握能見到面的時間。

千萬要一直教練

電影《大亨遊戲》（Glengarry Glen Ross）的知名場景中，演員亞歷克・鮑德溫飾演的角色懇求業務團隊「千萬要一直成交」（always be closing）。我們很喜歡這三個英文字的頭文字縮寫出來的ABC三字訣，也很喜歡這種全力以赴的精神。如果你把「千萬要一直教練」（always be coaching）當作座右銘，而不限於一對一會議的情況中，你就能提升成員的成效，並且減少領導遠端團隊成員時會遭到的阻礙。

非正式的遠端教練

不是只有排定的一對一會議才能讓教練發生。遠端工作時缺乏所謂的「偶遇」緣分，所以最佳的領導者會隨時抓緊機會跟團隊成員互動、提問、鼓勵及糾正。本書作者凱文會在團隊的通話會議剛結束時，現場請一、兩名成員留下來對談一下，就像在實體會議室開完會的做法。這樣是不錯的時機，且對談氣氛較不嚴肅，還能掌握瞬息即逝的機會。你也能做到，但要有事先規劃，並且安排出所需的額外時間。

這種會談對績效和提供持續不斷的回饋而言都很重要，所以領導者需要找出更佳做法，進行非正式、臨場的教練。換句話說，就算沒什麼時間，也得擠出時間來教練。

非正式的教練時間

非正式的教練時間並非預先規劃排定好的，也沒有記在行程表中。湯瑪斯・畢德士（Thomas Peters）和羅勃・華特曼（Robert Waterman）共同著作的暢銷作品《追求卓越》（In Search of Excellence）一書中，把這個概念稱為「走動式管理」。[4]就像你剛好走近某名員工，或是正好就在這人附近，又或是去他辦公室探個頭，就有機會展開非正式教練。具體來說，非正式的教練內容包含討論現狀、討論未來，還有你能提供什麼協助。

至於遠端團隊成員，要走過去恐怕千里迢迢，但道理是一樣的。就算無法隨時見面，也一定要找些方法來跟他們互動。可以通電話、關切狀態、晨間招呼簡訊或即時訊息等等，讓對方知道你願意從旁協助，可以多多找你。哪方先起個頭都可以。

無論誰先主動，都很類似在實體辦公室的茶水間打聲招呼，或是順道跟員工打照面。大多時間可能沒有特別需要回報的事，但偶爾就能來快速做個一對一對談，或是讓其中一方提問或答覆。

事先做好預備

雖然你能（也應該要）多花心思製造這些機會來關切對方的狀態，還有提供鼓勵和導引，但不要讓團隊成員覺得太刻意。如果你對公事、員工的工作結果或專案進度等等有疑問，當然要先在心裡想好或是記下來。做好準備意思是「準備好好互動和交流」，而不是接觸後就開始連環拷問，也不是劈頭就講細節。

主動製造時機

要是你的團隊人員在辦公現場，你可以過去打打招呼，聊聊他們的嗜好、週末活動或和家人狀況，接著用開放式提問，把寒暄話題轉入公事上的狀況關切和教練。遠端工作時，可利用通話、簡訊或即時訊息來開啟對話。記得，非正式教練會議的一大成功關鍵，在於如何和對方接觸。開頭先讓他們談談目前遇到的事項、近期狀況如何，還有你能提供什麼幫助（也就是非正式教練時刻的要素）。

以下提供幾個簡單問法，可以當成展開非正式教練的開場白，並能讓對話持續發生：

- 一切都好嗎？
- 情況如何呢？

■進行得順利吧？
■有哪裡卡關了嗎？
■我能幫什麼忙？

這些提問很簡短，總共也沒幾個字，且沒限縮回應範圍，所以能讓對方把話題帶到需要談的方向上。一旦對話建立起來後，你再針對相關內容提出具體問題來把對話重新導向（但實際上取決於對話的發展狀況）。

請注意，我們舉的問題裡面沒有「現在方便談一下嗎？」自宅工作者最怕看見的即時訊息／簡訊大概就是上司只丟過來一句「現在方便談一下嗎？」我們要做的不是故意殺個對方措手不及或讓他來不及預備。就算你只是想分享個好消息，也可能無意間給對方壓力。我們通常會這樣問：「能講句話嗎？沒什麼大事，只是個小疑問。」這樣語氣比較正面，也不會讓大家血壓一下就飆起來。

內容盡量簡短

基本上，非正式的教練時刻顧名思義就只是「片刻」，不必弄到半小時。當然，若對話往更深的方向發展而要更多時間，雙方自然就知道要用哪種恰當方式繼續對談下去。

這樣不表示就能取代或省略先前所說的正式、排定時間的會談（如績效與教練對談），還有常規的一對一會議。不過，只要好好利用非正式教練時刻，就能夠讓這些非正式的「碰面」更有成效，且或許漸漸也能拉長開會的間隔。

暫停一下，動動腦

▼你給遠端團隊成員進行教練的狀況是否順利？

▼成員對於你們之間的教練時刻是否順利，想法跟你一致嗎？

▼你給遠端以及實體辦公室內的員工回饋時，是否有同樣的好品質和頻繁程度？

▼你在分派工作時，是否對全團隊透明公開？

▼你花費多少心思來找時機聯繫遠端團隊成員，並給予他們教練指導？

線上資源

更多資源詳情，敬請參考：www.LongDistanceLeaderBook.com/Resources

在績效管理和績效回顧方面需要協助的話，歡迎索取〈遠端績效管理工具〉（Remote Performance Management Tool）。

想深入瞭解我們的指導模型細節，歡迎索取〈指導模型範本與說明〉（Sample Coaching Model and Description）。

---

1 Victor Lipman, "65% of Employees Want More Feedback (So Why Don't They Get It?)," Forbes, August 8, 2016, https://www.forbes.com/sites/victorlipman/2016/08/08/65-of-employees-want-more-feedback-so-why-dont-they-get-it/#43311996914a.

2 Marshall Goldsmith, Laurence S. Lyons, and Sarah McArthur, Coaching for Leadership: Writings on Leadership from the World's Greatest Coaches, 3rd ed. (San Francisco: Pfeiffer, 2012).

3 Andrew S. Grove, High Output Management (New York: Random House, 1983, 1995).

4 Thomas J. Peters, Robert H. Waterman, In Search of Excellence: Lessons From America's Best-Run Companies (New York: HarperCollins, 1982, 2004).

第三部
小結

所以呢？

■你跟團隊設立各種層級的目標，過程是否成功？
■針對上題，你團隊成員的答覆跟你一樣嗎？（不同的話，最好多花時間思考上一題。）
■你在教練指導與回饋的方面，能實行哪些構想來提升自己和團隊的工作結果？
■你是否夠頻繁跟遠端團隊成員「會談」，且有充分準備及花費心思？

然後呢？

除了請你花些時間想想上述問題，以下也整理幾項本部分重點內容，讓你在採取行動時可以參考。

■個別跟每個團隊成員，還有跟整個團隊一起回顧目標和實踐規劃。

■安排個別會談，來看大家是否覺得整個團隊往同一方向前進。不是的話，重新調整目標和計畫的焦點。看看自己的行程表，要是這週還沒排任何教練時間，就趕緊改正吧。今天結束之前，找出三個正面且有意義的事項來分享給團隊成員。

第四部

促進遠端成員參與

第四部

簡介：促進遠端成員參與

領導這門藝術，是讓他人主動完成你想要完成的事。

杜懷・D・艾森豪（Dwight D. Eisenhower），前美國總統

我們在第三部分裡談到領導任務十分關鍵的一塊，那就是理解、詮釋與溝通組織的目標，正落在「三個O模型」的最外環。無論是想打造業內最頂尖的公司，還是想成為社區裡拿到最多獎牌的男童軍團隊，都要先從理解（並且要確定其他人也都理解）需要完成的工作與背後的原因開始。

想要達成目標的話，就必須讓團隊成員參與，而且心與腦需要同時到位。邀請大家參與是遠端工作比較複雜的部分，也是和以往工作樣態截然不同的地方。

在「古早時代」，人可能會因為有老闆在一旁盯著而認真工作，因為老闆隨時都有可能會突然出現，抓到員工在做不該做的事，或是逮到員工沒有好好做該做的事。**遠端**

領導時，釋放影響力勝於下達指令。在傳統的工作環境裡，責任心、信賴感與積極溝通都是加分元素，不過當成員之間身體的距離拉遠時，這些加分元素更顯得格外重要。在這個數位科技緊密連結，而每個人之間的距離各自獨立的時代，如何邀請他人參與，也將深深影響目標的成敗，也會決定參與過程中的壓力指數。

第9章
與人共事的「黃金建議」

法則9：採用最適合他人的溝通方式，而不是選擇自己偏好的方式。

或許你學到最大的人生道理會是：「世界不是繞著你轉。」

夏儂．L．阿爾德（Shannon L. Alder），作家

朋友愛麗斯的專案小組裡，有兩位工作能力旗鼓相當的成員，他們的角色功能相同，她對兩個人也給予同等高度的評價。可是小組成員給愛麗斯的回饋中，其中一人覺得她「管太多」，另一個人卻希望她能「多來關切」。其實愛麗斯對這兩位成員都保持一致的態度。那麼這些矛盾的回饋，又怎麼可能同時都是對的呢？

愛麗斯十分困惑。這兩位成員現在的工作，就是她以前做的職位，而且她還做得很好。愛麗斯同樣擁有豐富的在家工作經驗，能保持極高的專注力，非常善於排除令人分

心的事物。她希望上司提供指引就好，不需要常常檢核進度，維持簡短的互動即可；如果她遇到問題或需要協助，則希望隨時能聯繫得到主管，除此之外，她希望主管可以放她獨立作業。愛麗斯一直以來都希望自己的主管維持這種管理風格，所以她也打算這樣管理自己的團隊。

有句不斷被引用的「黃金法則」是這樣說的：「你希望他人怎麼對待自己，就要怎麼對待他人。」真的是十分精妙的建議，幾乎所有的重要宗教和哲學派別都可以聽到類似的說法。不過，套用到遠端領導與遠端溝通時，這則信條會出現些微的瑕疵。我們討論的是這種觀念：「別人的工作模式和我的工作模式一模一樣，所以他們想要接受的管理和領導風格，和我喜歡的管理和領導風格也一樣。」

問題在於不是所有人都有和愛麗斯相同的經驗。有些人需要頻繁、短暫地和他人互動，這樣才能覺得自己和工作有連結，進行下一步之前，他們也需要確認彼此的想法。有些人有自己的節奏，喜歡自己一人默默做事，需要幫助時再主動去詢問。

這就是愛麗斯的團隊正在上演的狀況。其中一位夥伴希望幾乎天天都能有某種形式的互動，因為他比較晚加入團隊，也是第一次在家工作。有時候確實是遇到了具體的問題需要幫忙，有時只是想要確認自己不是孤伶伶地漂流在宇宙裡。其實互動不會占用到多少時間，往往只需要簡單地傳個訊息問問：「進行得如何了？我可以提供什麼協助？」

另一名夥伴在公司已擁有終身職位，個性比較內向，偏好架構完整的討論，討論的時間可以很長，但頻率不需很高，進行方式通常是撥打電話或是視訊（他很不喜歡）。對話往往是由愛麗斯主動開啟，且對方會覺得工作被打斷。

一個人眼中簡短頻繁的關切詢問，可能是另一個人眼中事事干涉的打擾行為。你因為信任一個人的工作能力，所以選擇盡量不打擾，但這樣可能有人會解讀成溝通不足，甚至是漠不關心。

大家都在同一個地點工作時，要抓到如何共事的訊號會容易許多。我們會知道誰早上工作比較有效率，誰早上工作比較沒效率；我們看得出來誰比較外向愛講話，誰喜歡帶著耳機坐在辦公桌前專心工作。靠近同事的位置時，我們可以看到對方歡迎交談的眼神，也可以看到滿臉被打擾的不悅神情。

帶領團隊遠端工作時，這些小訊號便看不到了，所以可能會依照自己的設想、偏好以及對夥伴十分有限的認識去做事，於是我們的做法和「黃金法則」十分類似：採用自己想要被領導、被管理的方式去對待下屬。然而，每個人都是獨特的個體，這種策略顯然會成為通往成功路上的絆腳石。

因此，我們會建議修改一下「黃金法則」，調整為「黃金建議」，也就是用最適合「他人」的方式去領導，這樣比較合理。可是這只是個建議，因為我們絕對無法百分之百肯定怎麼樣做對他人是最好的。

落實「建議」

有不少方法能夠幫助我們收集必要的資訊，在做決策時更有自信：

工作風格分析

或許你很擅長覺察同事的「訊號」，否則也不會擔任領導職位了。不過，還是可以藉助一些工具幫助你辨識自己偏好的工作與溝通風格，並找出他人的風格（或至少稍微有個概念）。這類的工具還真不少，DISC 4型人格測驗、Myers-Briggs 16型人格測驗、Insights性格模型、StrengthsFinder能力分析測驗等可以幫助團隊找出彼此契合的交集，也能找出痛點的來源。

除了少數的測驗需要當面進行之外，大多數都可以線上完成。不論測驗是如何進行、何時進行，請務必確保在測驗「之後」要提供相關的訓練和資源，幫助你（和團隊）將這些概念應用到實際的行為上。不要跳過這個步驟。

雖然這些工具都不是完整的心理研究，但還是有助於瞭解彼此的風格，能夠讓大家知道為什麼有些人做決定前需要知道所有的細節，而有些人則比較依照直覺行事。

儘管我們最常採用的是DISC 4型人格測驗（我們提供的免費測驗：https://discpersonalitytesting.com/ldl），但你使用哪一種測驗去瞭解團隊成員溝通與行為風格，都沒關係。記住，照片本身遠比拍照的相機還要重要。

考慮大家的偏好

團隊中每個人偏好的溝通模式可能不同，有些人喜歡傳簡訊或寄電子郵件，有些人則喜歡講電話。如果工具不會影響訊息本身，那就選擇對方喜歡的吧，因為這個小地方可以在不傷及溝通品質的情況下，幫忙建立互信關係。然而，如果工具會影響工作成效（如：客戶已經在生氣了，此時不應該用簡訊溝通），那麼身為領導者，你需要建立期待準則，而不是屈於團隊成員們的個人偏好。

問問別人想要如何與你共事

聽起來沒什麼好討論的，可是團隊常規真的是透過真正的對話建立的嗎？還是你只是直接告訴大家你會如何和他們溝通、會多常和他們溝通呢？回到愛麗斯的故事，頻繁簡短的關心可能對某些人來說是理想的必要互動，但對另一個人來說可能會是不必要的干擾——在他眼中，你的「保持聯繫」其實代表著「不斷打擾」。

相等不代表相同，請把這點放在心上。建立運作模式時，你可能需要針對每位成員調整溝通頻率、長度與模式，如：多久需要實際見個面、多久要開一次電話會議或視訊會議。

盡量開口詢問（雖然未必有用）

開口詢問不一定能得到想要的資訊，但問問並不會有什麼壞處。要記得，領導者或管理者與團隊成員間，永遠存在著權力不對等的關係，所以提問時用字要謹慎，譬如說，提出「一週討論一次足夠嗎」的問題時，對方可能會解讀成老闆在告訴他們應該要回答什麼，而不是真的想知道他們在想什麼。

在詢問資訊的時候，盡量利用中性的問題去瞭解他們的偏好，如：

■我要如何幫助你成功呢？我想要提供協助，幫助你朝正確的方向前進。
■你覺得多久進行一次一對一討論比較好呢？

或許你永遠無法知道他人行為背後的原因，而且即使開口問了，得到的答案也會因為你的職位和對方害怕的程度而不一定準確。傳統的「黃金法則」會再次叫你依照適合自己的方式領導，但我們的「黃金建議」會要求你多一些體諒、多一些細節，帶領團隊遠端工作的時候格外需要如此。

我們的親身經歷

本書兩位作者當中，韋恩是在凱文底下工作。基本上，若不用開會的話韋恩會很開心，放他一人工作也沒問題，但他還是需要頻繁、簡短的互動。凱文習慣按表操課，平衡團隊溝通，可是韋恩常常需要「少量」的溝通來維持頭腦清楚。

於是，每天早上我們兩人會互傳簡短的即時訊息，通常會是「早安，有什麼我需要知道的事嗎？」十次有九次對方會回說：「沒有，請繼續手上的動作。」或許凱文「不需要」這種問候，可是他知道韋恩需要，這會讓韋恩覺得沒有和團隊脫節。問候花不了多少時間，不過，有時候這場交流確實會發展成進一步的對話，促使我們安排會議來詳細討論。如果沒有這種晨間例行通訊，那麼我們很可能比較晚才會發現需要開會。

每天早上，凱文會和團隊裡的所有成員傳訊息嗎？不會。與所有夥伴維繫關係、滿足溝通需求非常重要，但不是人人都需要使用同一套方法。

如果領導意味著讓人自願追隨，那就要讓人感受到尊重。「黃金建議」可以幫你用可行有效的方式邀請大家參與，積極正向又具建設性。雖然「黃金建議」適用所有的人際互動，對於實體辦公室的夥伴互動也很管用，但要正確地判斷遠端團隊成員的工作風格、偏好與需求，還是不簡單。

暫停一下，動動腦

▼你和誰溝通起來最辛苦呢？

▼以剛剛閱讀過的文字為基礎，想一個你和這個人工作上不同的地方。

▼有什麼行為和反應能夠證實你的想法呢？

▼為了更有效領導，與他共事時，有哪一個地方是你可以調整的呢？

線上資源

免費 DISC 4 型人格測驗，內含解釋報告，請前往：

https://discpersonalitytesting.com/ldl

與所有夥伴維繫關係、滿足溝通需求非常重要，但不是人人都需要使用同一套方法。

第10章

要認識政治，但不要搞政治

法則10：成功的領導者不只需要瞭解他人在做什麼，還要知道他們在想什麼。

政治就是找麻煩的藝術，就是錯誤判斷與使用不當對策的藝術。

格魯喬·馬克思（Groucho Marx）

「辦公室政治」是丹尼絲不想擔任領導職的原因，她想要靠著自己的功勞往上爬，不想要靠著一路巴結獲得升遷的機會。這是她一貫的立場，但後來有位良師引導她用正確的視角看待政治，現在她知道認識人際關係與互動可以讓事情順利完成，這和玩弄政治遊戲不同。在良師的協助之下，丹尼絲改變了想法，也確實受到了提拔。現在她一邊重新認識政治，一邊帶領著規模遍布全國的遠端團隊。

我們當中有許多人會「聞政治色變」，甚至有人正是因為這樣才不想要成為領導者。因為政治會讓人聯想到馬基維利式的陰謀，也有人會犧牲組織的利益，只求鞏固自身的權力，推進自己的目標。

你可能覺得自己不會那樣，「不會耍政治賤招」，可是如果不瞭解人與人之間的互動關係、角色定位與權力階層，便難以在團體中成功地發揮自己的功能。雖然「政治」這個詞通常會用在治理政府，但其實它就是試圖達成決議與推展組織目標的動態過程。

身為一名領導者，想必已經對職場的政治生態十分熟悉了，誰是做決策的人，誰總是光說不練，「真正」需要完成某件事的時候應該要找誰，你都看得很清楚。

當然我們不希望你會偏激地去操控他人，只是假如你不瞭解事物運作道理的話，應該就不會獲得升遷或是接下領導職位。

如同之前討論過的，「領導」這件事的基本方向並沒有太大的改變，只是與同事、下屬分處兩地，很可能會滋生政治難題——尤其是領導者需要看見與被看見。「看見」指的是收集必要的資訊，瞭解組織內部的狀況，也就是嗅出對話線索，留意行為，辨識可能會傷害工作的謠言。

或許，更重要的是你必須對資訊流通與關係建立更深層的認識。「被看見」指的是其他人是如何從你這位領導者身上取得資訊，他們又是如何看待你這位領導者，可能包含了視覺線索與文字溝通、其他人是怎麼形容你的、你對組織樹立了什麼榜樣等。

大家都在同一個地點辦公時，你不需要多想或是多做努力，就能夠看到各式各樣的訊息，別人皺眉嘀咕抱怨時你會立即察覺，也能夠馬上看到同事因為喜歡彼此的陪伴而微笑或大笑。沒有人需要開口問老闆現在在做什麼，所有人都看得到你什麼時候上班，什麼時候離開公司。他們可以很輕易地看出你這個人好不好講話，是否熱忱回答下屬的問題；他們也有很多機會可以親自與你互動，或至少可以親眼看到正面的行為，並對你的領導力建立良好的印象。

然而，如果有好一段時間大家都看不到你，他們會開始想你現在怎麼了。缺乏資訊的時候，大家的想像很容易演變為八卦流言四處流傳。你用電子郵件簡短下達指令時，可能會被團隊成員誤解，因為你們已經有好幾天或好幾週沒有交談了。成員的行為可能會出現偏差，而你卻沒有機會及早察覺問題。

請記住，八卦就像蘑菇一樣，會在黑暗中生長。你的工作就是要保持透明，暢通溝通管道，才不會滋生八卦。如果你帶領的專案團隊或任務編組全都採遠端工作，也都不會主動回報，那麼問題只會更加棘手。當然跨國公司還會需要考量到在地控制與文化差異。因此，遠端工作時，在看見與被看見之間，你必須明確堅定。

在這方面，你表現得如何呢？

在虛擬世界「看得」更清楚

不管是在同一間辦公室工作，還是身處在不同的大陸上，都必須去思考工作流程。大家合作得順暢嗎？團隊夥伴都認同你帶領著他們前往的目標嗎？工作推展的速度夠不夠快呢？還是因為溝通差異或優先順序的排擠下有所延遲或受到阻礙呢？

這些都是好問題。你有答案嗎？

這裡我們談的是收集並解讀訊息，才能精確地瞭解他人的互動，以及這些互動又會如何影響組織目標。遠端工作時，挑戰可以說是千變萬化。

首先，你必須清楚自己擷取資訊的方式。如果資訊源只有三個，或完全只從電子郵件觀察團隊成員合作的情形，那麼你只是仰賴著有限的數據在下決策。試著透過多種管道多方汲取資訊，再好好利用數據，清楚準確地洞悉身邊的狀況。多問一些人，多找一些消息來源，敏銳地觀察電話會議和視訊會議，讓自己的認知更貼近真實。

遠端工作的場域會加重書寫文字的重要性。你必須透過簡訊、報告、電子郵件以及即時訊息獲得資訊，你上班的時候，另一頭的人可能正在睡覺。深入去閱讀字裡行間與言外之意，留意語氣、心情與發生頻率。問問自己，同事會主動捎來資訊呢？還是我得不斷主動詢問才行呢？

稍後我們會詳細討論相關的工具和技巧，不過現在你也該同意，領導者需要正確解讀周遭上演的一切。

被看見

你會收集身邊的資訊來建立自己的世界觀，與你共事的人也是如此。別人怎麼看待你非常重要，不管你有沒有發現，其實大家都在密切留意著你的一舉一動，因為你是老闆。他們會在你身上尋找這些問題的線索：

- ■你關心他們嗎？
- ■你關心工作嗎？
- ■哪件工作最重要呢？

■可以信任你嗎？
■你最喜歡誰？
■你有沒有對某個小組給予差別待遇呢（還是會偏心在辦公室上班的人）？
■叫別人做的事，你自己會做嗎？

所有和你接觸的人都在搜尋與你互動的經驗和結果，並決定應該如何與你互動。領導者需要多注意自己留給人的印象。如果大家對你的印象主要都停留在電子郵件裡的簽名檔，而不是有血有肉的人，團隊成員可能無法對你形成正向、正確的印象，他們也難以認同你想要完成的事情以及背後的原因。缺乏實體證據的情況下，大家會自行填空，而且帶入的往往不會是正面的答案。如果大家看不到領導者，很容易會形成傳言與閒話的溫床，也可能會讓人誤解你的訊息。

你這個領導者曝光的程度夠嗎？團隊是如何看到你的呢？他們看到的又是什麼呢（你又是怎麼知道的）？

瞭解組織的政治生態

你不可能同時出現在所有地方，而且控制範圍越大，溝通量也會隨之大增，這還只是共處一地的情形。現在團隊成員可能分散在各地工作，不過，你依然必須掌握組織的運作方式以及消息來源。

不論是經營跨國企業，還是主持親師會，坐在領導位置的人都必須熟悉參與其中的所有角色，找出通往成功的關鍵人物。

大家不會希望你領導時太過執著於每次的意見衝突，也不會希望你疑神疑鬼擔心有人覬覦你的位置。大家會希望你十分清楚彼此的關係與生態，知道什麼是推力什麼是阻

不論是經營跨國企業，還是主持親師會，坐在領導位置的人都必須熟悉參與其中的所有角色，找出通往成功的關鍵人物。

力，掌握對領導與團隊成功的利與弊。請留意這些元素隨時都在變化，每隔一段時間都必須有意識地評估團隊的狀況。

以下這項練習可以幫助你衡量組織裡的關係與溝通情形，挑出潛在的盲點。或許可以找你的團隊一起來聊聊下面的內容。

■憑記憶畫出組織架構，再拿公司的「官方版本」來對照。你記得所有的部門嗎？有沒有漏掉誰？有沒有部門你只知道職稱，但不知道人名的呢？

■拿官方版本對照真實狀況。你可以指出團隊中誰負責決策、誰具有影響力嗎？經驗顯示，職稱不等於專業的能力或同儕的信任。你知道誰在同事間說話比較有分量嗎？他們合作起來有多愉快呢？

暫停一下，動動腦

▼你的人際關係裡有哪些面向比較健康，哪些連結比較穩固呢？

▼人際關係有哪裡需要改進呢？

▼這些落差存在於人與人之間，還是蔓延到整個團隊了呢？

▼你有多相信現在手邊得到的資訊呢？

▼造成落差的原因是什麼呢？

▼遠端工作對這些挑戰的影響是什麼？你可以做些什麼來因應呢？

第11章

掌握遠端信任關係，建立遠端互信基礎

法則11：在遠端工作模式中的信任感，不會偶然出現。

賦予一個人責任，讓他知道你的信任，再也沒有比這個更有幫助的了。

布布克・T・華盛頓（Booker T. Washington）

莉茲非常善於與他人建立信任關係，也一直以這種領導風格自豪，她之所以會成功有部分需要歸功於這個原因。可是帶領團隊遠端工作之後，她開始覺得有點茫然。莉茲想要建立像以前那樣的良好關係，但團隊的新成員她不是完全不認識，就是不太熟，所以狀況並不順利。不過，後來她漸漸能從不同的角度看待信任的磁場變化。看清楚事情完整的面貌後，她把遠端團隊帶得更好了。

信任對領導者而言無比重要，我們需要相信下面的人，他們當然也需要信任我們。

詹姆・庫茲斯（Jim Kouzes）和貝瑞・波斯納（Barry Posner）探討了信任關係許多重要的層面，也有許多人討論過這個議題。[1] 你的經驗也同樣十分重要，經驗告訴你，彼此互信的時候事情會運作得比較順暢，可以更快地完成更多工作。

若說遠端工作時，信任比在同辦公室工作時「還要重要」，那其實沒說到重點。真正的不同點在於，要在遠端的情境下建立信任會比較辛苦一些，而且信任基礎也比較薄弱。更糟的是，缺乏信任的問題可能不會立即浮現，傷害可能也難以挽回。專案進度可能會嚴重落後，團隊功能可能會失靈，關鍵員工可能會離職，而且事前你可能看不到任何跡象。

信任三角形

不論我們談的是伴侶關係、朋友圈，還是你接管的專案小組，培養和摧毀信任的方式都一樣。關於信任已經有為數不少的研究和模型，我們的「遠端領導機構」（Remote Leadership Institute）紮紮實實地研讀了上百本上百篇在講信任的書籍和研究，也整理出三個高階信任關係的必要元素，那就是：共同目的、能力與動機（圖10）。這三個元素越和諧一致，信任就越穩定深厚。

信任元素如何作用

假設你定期和朋友打牌，如果你們是基於「共同目的」而在一起，就會產生信任（你們都愛打牌，也喜歡一起打牌）；如果你們都有打牌的「能力」（都理解遊戲規則，技巧與策略程度相當，打的是乾淨公平的牌局），也都看得見對方的能力，便能進一步鞏固信任關係；只要你們都覺得「動機」一致（都想玩牌，看看誰會勝出），這個區塊

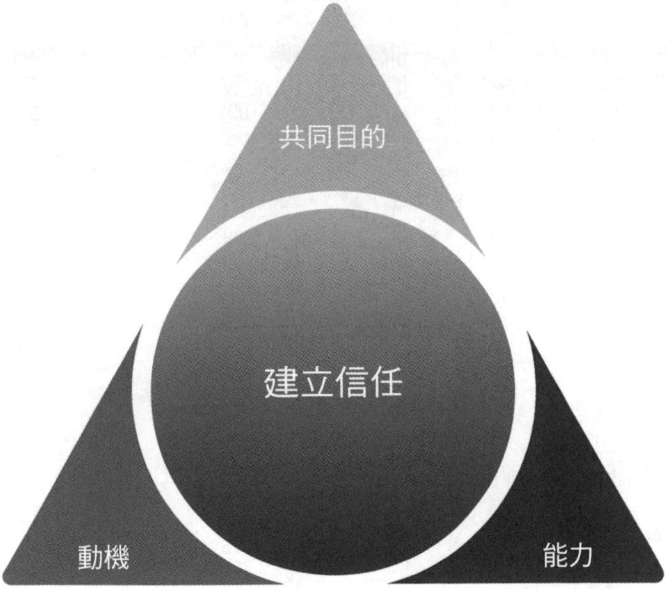

圖 10：信任三角形

的信任程度也會很高。然而，如果你發現朋友打牌作弊（也就是朋友玩牌的動機與你不同），此時信任就會減少。你再也不想跟他玩牌了，或你再也不理他了。信任三角形的元素便解釋了一切。

下面會用問題的形式帶出領導實例。

■**共同目的**。你和所帶領的團隊目的一致嗎？拿拔河來比擬的話，「你們是站在同一邊拉著繩子的嗎」？如果別人發現你並不是真心相信自己的信念，如果他們開始質疑組織的目標和行為，可能就會出現問題。

■**能力**。你相信團隊夥伴的能力嗎？他們有能力完成你交辦的任務嗎？團隊成員相信你會履行承諾嗎？如果銷售目標高得不切實際，大家會覺得你根本就不清楚自己在說什麼，這時信任會出現缺口。縱使專案屢屢讓人感到挫敗，夥伴是不是還是能夠理解你協調工作、創造產出的行為呢？

■**動機**。最後，或許你們目標一致，大家的能力表現都恰如其分，可是他們會願意再多付出一些心力嗎？你會做員工的靠山嗎？還是每次你都站在公司那邊呢？你每次都有說到做到嗎？還是別人會懷疑你只是在說他們想聽的話而已呢？

不論工作地點在哪裡，這些問題和情境都適用。同處一地時，培養信任的元素也相同，多數的概念也不分同地或異地。只是在遠端工作的環境裡，大家的感受會不同，而且信任更難建立、更難維繫。

遠端工作對信任的影響

在完美的世界裡，不管同事就在走廊那頭，還是世界那頭，合作起來都沒什麼差別。你們都有該完成的工作，你做你的，他做他的，誰也不會因為太過擔心而睡不好覺。然而，我們從客戶那邊聽過種種擔憂，都是因為缺乏信任：

- 如果看不到人，我怎麼知道他們有在工作？
- 獲得關注和升遷的都是在辦公室裡的人。
- 在家工作的人真好，不用做討厭的雜事，主管也不會吵他們工作。反倒是我們就在主管的眼皮底下，有事都先叫我們，不會交代給在家工作的人。

有次我們和一群聽眾談到可以使用網路攝影機建立信任，其中一位與會者表示，他們公司沒有在用網路攝影機，他們甚至會用膠帶或便利貼把鏡頭遮起來。進一步詢問原因之後，他們說：「因為主管只是要透過鏡頭來確保我們有在做事，我們不想要被監視。」

員工認為公司的眼睛隨時都在盯著，所以拒絕使用溝通工具，這樣的信任關係有多糟糕呢？而如果公司真的正在這樣做，那只能說信任真的出問題了，我們會鼓勵你盡快處理。

實例

海倫有兩位同事，一位是格瑞琴，她們之前共事過，即使格瑞琴開會時話不多，但海倫還算是瞭解她，知道這個人非常勤奮，而且只要一開口，往往能提供十分有用的資訊。格瑞琴的工作很少延遲，交辦的事情也不會失誤。因此海倫內心是相信格瑞琴的。

另一位是拉杰許，他才剛加入團隊，海倫從沒見過他本人。除了知道電話會議中拉杰許偶爾會發言，人好像滿聰明的，此外海倫對他一無所知，而且她注意到他上次沒有準時完成工作。

海倫對誰的信任感會比較少呢？或許問題不全都在拉杰許身上，大家都可能會有進度推遲的時候，可是海倫只憑著非常有限的數據，來判斷拉杰許的能力、動機以及與團隊的和諧度。如果她很容易相信別人，這次可能會放他一馬；可是如果她天性多疑、在趕時間，或只是心情不好，海倫會選擇去找她「知道」可以信任的人，甚至還可能會決定以後都不要找拉杰許幫忙。

真實世界

遠端合作的團隊常常會遇到類似的狀況。每次只要你發出求救的即時訊息，瓊安都會立刻回覆，於是很明顯會注意到她非常樂意幫忙。但是類似的訊息傳給鮑伯的時候，他卻要一天之後才回，所以你會推測他根本不在乎你的死活。可是這樣下判斷很可能有失公允，有可能鮑伯一整天都在開會，有可能他想要確保回覆你的是最完美的答案。然而，你只是基於現有的資訊就決定給予瓊安更多的信任，以後有問題時她是你第一個會找的人。

信任需要有證據作為基礎，沒有證據的話，我們只能靠著猜測來決定要信任誰。如果你習慣相信人性本善，也過著平順的生活，等到有一天信任崩塌了，你會怎麼做呢？

對絕大多數的人來說，信任崩解比信任重建來得容易發生。

遠端工作時，比較沒有機會能夠評估同事和你是不是目標一致，是不是勝任他們的工作，是不是和你一樣動力十足。大家共處同一間辦公室時，看得到同事早出晚歸，也看得到同事在開會時做筆記，你會知道如果遇到某方面的問題，找某人準沒錯。然而，如果你和同事不是很熟，互動的機會也不多，要建立長久、堅強互信的工作關係便十分困難。

刻意培養遠端的信任關係

在遠端工作的情況下也能建立信任感，但信任感不會從天而降，需要製造機會讓大家看到每個人在「信任三角形」的三個角都保持一致，也就是大家的目的、能力與動機相當。領導者的工作有很重要的一部分便是創造並幫助建立「信任三角形」和諧的三個角。一旦大家認識了自己的同事，意識到團隊成員有多聰明，知道大家是朝著同一個方向前進，其他人需要幫助或是開口求援的時候，自然會伸出援手，信任感便會油然而生。

遠端工作時，整個團隊的互動不一定會像面對面那樣頻繁，溝通往往會直接透過領導者進行，夥伴間也很少有機會能夠看到其他人工作的樣子。因此，本書接下來提供了非常實用的內容，可以協助建立團隊整體與內部的信任感。現在看看下面的清單：

■ **有策略地運用會議**。全天候運轉的世界有個遺憾的現象，那就是時間實在是太寶貴了，一點都不能浪費。不幸的是，很多領導者認為會議進行得越快越好，不要浪費時間，所以短短的會議裡只會公事公辦，而電話會議和視訊會議的性質和型式更加強化了這些特質。可是整個團隊很可能只有在開會的時候才會和彼此說上話，應該要及早讓大家看看自己的夥伴有多聰明。你可以試著在每一次的會議

> 對絕大多數的人來說，信任崩解比信任重建來得容易發生。

中拉一個人出來，請他們談談自己負責的工作，或是你可以親自強調他們的特長（如果有Excel方面的問題，可以找伊內茲）。另外，也可以每週都簡短地做一輪自我介紹，讓大家有機會談談遇到的疑難雜症，彼此幫忙，沒有比幫忙解決問題更能展現動機的時刻了。要開重要的會議時，可以用上所有的關鍵做法，連議程都要精心設計。請記住，遠端團隊開會不只是為了要進行溝通並完成工作，這還是建立信任的重要時機。

■**公開讚美**。領導團隊時，你很清楚正向回饋非常重要（第八章我們詳細討論過這點，也大致討論過回饋的作用）。可惜的是，在網路世界裡，正向回饋往往只會出現在一對一的交流，受到讚美的人固然會很開心，可是其他人就不會知道在某個專案上他表現得有多好，也不會知道有人多麼辛苦地把關進度。我們需要幫助團隊成員知道彼此的長處、才能與努力。

■**公開分派工作**。分配工作時，公平的感受和真實的平等同樣重要，通常遠端工作的團隊成員不會知道其他人負責的工作項目，所以很容易會覺得領導者分派困難的工作時會偏心。委派或分配工作時，要讓整個團隊都知道誰負責哪個部分，雖然可能不會在電話或會議中直接分派（艾卓恩，我希望你負責……），但可以讓其他成員知道你把任務交給了艾卓恩，這樣做帶來的好處可能會比你想像中的還要多。

- **製造機會認識彼此，建立信任關係**。領導者需要幫助團隊認識彼此，可以刻意打散團隊，指派某些人擔任導師的角色，或交代某些成員負責部分的教育訓練課程，這樣他們就會有機會去和其他很少密切合作的人互動。不要因為想要大家「回去工作」，而犧牲了建立團隊信任關係的機會。
- **利用科技建立關係**。與熟悉、喜歡、信任的人共事時，我們都會表現得比較好。可是我們要如何認識彼此呢？網路攝影機這類的同步工具會幫我們將人臉對上名字，帝博大學（DePaul University）的研究顯示，如果我們知道其他人長什麼樣子，就會減少負面的行為，如：說謊、排擠、展現侵略性。[2]請幫助夥伴把名字和人臉連起來。我們要再說一次，請盡量使用網路攝影機，在一對一討論的時候格外重要。你也可以使用像是SharePoint的共同作業工具，讓大家清楚工作進度和專業技能。如果團隊規模很大或是散布在多個時區，可以考慮建立問答論壇，彼此沒有交集的夥伴依然可以提供幫助、貢獻點子。
- **看到什麼，就說出來**。可以從許多跡象察覺到團隊出現了信任問題，如果突然之間你收到大量的電子郵件（如：每組對話都副本你），或許就是問題發生的徵兆，可能只是要讓你知道他們的工作狀況，也可能是因為不信任其他人，覺得把你拉進群組至少可以確保有人會回應。看到可能代表出現問題的行為時，要主動找出到底發生了什麼事，幫助同事釐清整體狀況，建立連結，減少衝突，必要的時候重新調整大家的期待。

請記住，打破信任十分容易，修補卻非常困難，而且信任危機無法單靠一方解決。與整個團隊或是單一夥伴坦誠以對、多多溝通，往往能避免問題發生。如同拿破崙所說：「如果想避免戰爭，就要避免釀成戰爭的那一千件惱人小事。」

暫停一下，動動腦

▼你有察覺到侵蝕團隊信任基礎的徵兆嗎？有哪些跡象呢？
▼看看「信任三角形」，有沒有哪個角怪怪的呢？

▼作為領導者，可以怎麼做來因應呢？

線上資源

想知道更多資訊，請前往：

LongDistanceLeaderBook.com/Resources，並索取「信任調節器」（Trust Thermostat Tool）。

---

1 James M. Kouzes, Barry Z. Posner, The Leadership Challenge: How to Make Extraordinary Things Happen in Organizations, 6th ed. (Hoboken, NJ: John Wiley & Sons, 2017).

2 Alice F. Stuhlmacher, Maryalice Citera, and Toni Willis, "Gender Differences in Virtual Negotiation: Theory and Research," ResearchGate, July 3, 2007, https://www.researchgate.net/publication/225629879_Gender_Differences_in_Virtual_Negotiation_Theory_and_Research.

第12章

選擇正確的溝通工具

法則12：決定想要的領導結果，接著選擇可以達成目標的溝通工具。

訊息就是媒體，因為媒體會形塑、控制人類組織與行動的規模與型式。

馬歇爾・麥克魯漢（Marshall McLuhan），教授兼媒體評論家

泰瑞莎很感嘆，以前大家都在同個辦公室裡工作的時候，事情並沒有那麼複雜，那時可以當面溝通、碰面開會，或寫電子郵件當輔助，但現在大家工作的地點都不一樣，她需要摸熟很多新的陌生工具，而且有些工具用起來很不順，有些她就是不喜歡。現在不能面對面溝通了，她只好仰賴電郵，即使知道電子郵件有時候會產生問題。

本書不斷提到，遠端領導和傳統領導「幾乎」差不多，只是帶領團隊遠端工作就必須使用討厭的科技，而科技的角色可以說是小小的鉸鏈，可以推動巨大的門板開開闔

關。

大家在職場上都見過好幾輪的工具汰換，也很清楚雖然新的科技或許能夠解決某些問題，但沒有工具是萬能的（甚至有時反而會製造意料之外的新問題，令人頭痛）。而且即使自己已經十分熟悉現有的工具，你也知道這些工具還在不斷地改變。

這裡有三件事絕對是對的：

- 通訊科技的變化十分快速。
- 除非你自己開公司當老闆，否則不可能全權決定要使用什麼工具。
- 並沒有人建立好一套明確的標準，告訴你們最佳的團隊溝通方式是什麼（如果你不知道的話，你的夥伴也不會知道）。
- 而且，選擇對的工具影響的不只是傳遞訊息這件事而已。選擇對的工具時，你會考量想要如何傳達訊息，以及如何有效地收集回饋。從「看見與被看見」出發的話，對的工具扮演著關鍵的角色。

我們擁有的工具，以及運用這些工具的方式，將決定我們會如何建立並培養信任關係。假如團隊跨越多個時區，而同步討論又是唯一的必要選項，那麼印度的同事表現最好的時候，洛杉磯的同事正在睡覺，這時印度的夥伴要如何展現自己的能力與動機呢？

這時候，可以在共同作業工具SharePoint上提出重點問題，請大家方便的時候再上線回覆，或許更能讓同事自在地運用工具，而且效果甚至會比再開一次會議還要好。我們想幫助你優化判斷力，選擇適合的工具，其實只需要從一個簡單的模型開始就可以了，許多專案我們都是使用這個工具幫助大家思考該在什麼時機（如何）使用哪種工具。

二〇〇一年，瑞士研究員貝提納．布雪爾（Bettina Büchel）建立了一個簡單的座標圖來解釋這個概念，我們覺得座標圖將工具使用的概念解釋得十分清楚，也明確說明了我們觀察到的現象（圖11）。[1]為了更有效溝通，你得找到「豐富程度」與「觸及範圍」的最佳組合。

我們一起來看看這套模型對遠端領導者的日常工作具有什麼意義吧！

豐富程度

無論訊息以何種方式傳遞，真正的溝通都不單單只是瞭解訊息內容而已。我們都知道人類的溝通方式有很多種，使用的口氣、臉部表情、肢體語言、用字遣詞都有助於詮釋看似簡單的訊息。

聽到別人說「我沒事」的時候，他們真的沒事嗎？也許他們說出這句話的同時，不敢直視你的雙眼；也許他們說話的方式透露，一切並非都是好好的。如果你人就在他們身邊，也抓到了所有的線索，便能夠評估是不是真的沒事，也能夠評估是不是需要再多問個幾句，以確保自己得到足夠的資訊。

從布雪爾的模型可以知道，豐富溝通的最佳情境會是喝杯咖啡，當面聊聊。你和對方在身體上的距離很近，可以看到、聽到彼此，能夠接收到所有的

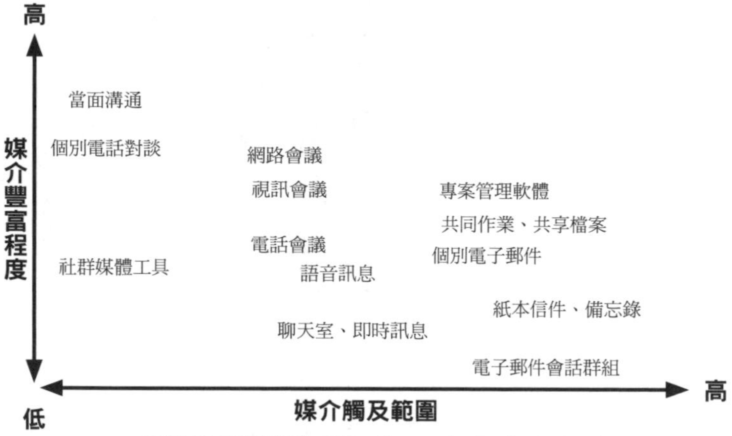

修改自《善用溝通工具》（Using Communication Technology），
貝提納・布雪爾著，Palgrave Macmillan出版，2001年

圖 11：溝通的豐富程度與觸及範圍

非語言、視覺與社交線索，以便理解對方的訊息，還能夠確保對方是不是瞭解並接受自己說的話。

然而，帶領團隊遠端工作時，不太會出現這種完美的溝通情境。除了明顯的遠端挑戰之外，時間和團隊人數也會影響溝通。假設團隊規模龐大，即使是當面溝通，也不一定會有人發言或提問，人數越多，溝通往往會變成單方面放送訊息，大家也不太會即時提問，而是會壓到最後才提出來，有時甚至就不問了。如果你曾在電話會議或視訊會議時問道：「有問題嗎？」結果只聽到悉悉簌簌的聲響，那麼你就知道我們在說什麼了。

時間拉長、空間拉大時，溝通的豐富程度會漸漸下降。會議結束二十四小時之後，去問問二位參與同一場會議的人從會議中得到了什麼，有可能會聽到非常不同的答案。每次需要溝通時都採用面對面的形式並不實際，因為成員四散各地工作，這樣不只違反了物理法則，更別提經濟原則了！也就是說，每次我們拿起電話或寄出電子郵件來取代開車上路，選擇撥打視訊會議來取代搭乘飛機，都是在犧牲豐富程度來換取觸及範圍。

觸及範圍

時間與距離，與觸及範圍有關。電子郵件是觸及範圍極廣的絕佳例子，可以有上千名收件者（至少理論上如此）同時收到同一則訊息。可是你看不到收件者的反應，聽不到他們懊惱地大喊或是興奮地大叫，他們有問題你不能立即回覆，無法知道對方有沒有正確理解你的想法，也不曉得他們買不買帳。實話實說吧，你甚至不確定他們點開那封信了沒。

這不是在說豐富程度比觸及範圍重要。我們應該從過去的溝通互動中汲取經驗，讓各地的收件者都得到一致的資訊，這點十分重要。我們也知道，如果你只花了三十秒打訊息，接下來卻花了三天為這條訊息道歉，那麼你就能瞭解觸及範圍的極限和限制。

找到對的溝通組合

看看圖11的模型，可以觀察到每種溝通方法都在豐富程度和觸及範圍之間取得了某種平衡。想要達到豐富的一對一對話，可能必須捨棄時間與效率；匆匆寄出電子郵件，便必須承受被誤解的風險，也必須知道對方依照建議展開之前，可能會需要你這端提供一些問題的解答。

帶領遠端團隊時，往往會淪為埋頭苦幹，忘記去考量應該使用哪種工具，也忘記去斟酌溝通工具的效果好不好。還記得第四章的「遠端領導模型」嗎？領導者必須對訊息和溝通目標保持敏感度，針對任務選擇對的溝通工具。

網路會議就是個很好的例子。假設你天天都會開商務用Skype進行協作，對照圖11，可以看到網路會議落在中間，豐富程度夠，觸及範圍也夠廣。網路會議的豐富程度可以很高（如：單獨視訊電話、培訓、訓練），觸及範圍可以很廣（可怕但往往很有用的「全員大會」），看你如何運用。不過一般來說，工具的使用方式會影響各項變數之間的取捨。

如果需要有效地腦力激盪，可以請一小組人打開網路攝影機，搭配協作白板讓所有與會人員同步參與，甚至可以錄下線上會議供後續參考，或是讓其他無法出席的人一同參與。如此一來，溝通的豐富程度將會十分驚人。

另一方面，如果你找了一百個人開線上會議，而且不開啟鏡頭，這時或許你的訊息可以傳遞出去（觸及範圍大），但大家參與的程度不會高，即時收集回饋並回答問題會比較困難，也難以評估與會者的反應。

這不代表工具應用錯誤，這反而可能已經是傳遞眼前訊息最好的方式了。重點在於要敏銳地去覺察訊息與受眾，並思考如何「豐富」交流過程。

領導階層選擇某項工具的理由往往好壞參半，在旅行途中或是跨時區移動時，選擇電子郵件和簡訊還算合理，但如果訊息敏感複雜又容易遭人誤解，你會不會為了便利而犧牲了效用呢？同樣地，透過電話培訓員工是因為這是唯一的辦法，還是因為有人面對鏡頭不自在，所以只能透過電話呢？

帶領團隊遠端工作時，領導者必須面對這些工作的新面向，認識手邊的工具，清楚它們各自的優缺點，將功能發揮得淋漓盡致。

暫停一下，動動腦

看看圖11，問問自己：

▼哪些工具你們團隊用得最順手呢？

▼你的預設工具是哪一種呢？

▼哪些工具你們團隊用起來卡卡的呢？

▼哪些工具是你沒有但可能會派上用場的呢？

▼哪些工具你已經有了，但因為缺乏訓練和知識，所以還沒用呢？

▼假設真的要使用這些工具，將會如何（正面地與負面地）影響溝通進行和信任建立呢？

▼針對上題，你會如何因應呢？

---

1 Bettina S. T. Buchel, Using Communication Technology (New York: Palgrave, 2001).

第13章

遠端領導的科技妙招

法則13：工具效用盡量極大化，以免工具效益最小化。

夠先進的科技應該與魔法無異。

亞瑟．C．克拉克（Arthur C. Clarke），未來主義者與科幻小說家

詹姆斯很驚訝地發現，原來科技工具多不勝數，只是自己用過的和覺得好用的卻也少得驚人，而且他還記得以前光是要用語音訊息還是電子郵件就已經是很大的選擇題了。他滿肯定新工具能夠提供解法，只是不曉得該從哪裡下手，不知道要選哪一種工具，也不確定要把有限的學習時間投注在哪裡。詹姆斯多困擾一天，自己就會多挫敗一天，團隊也會多不順一天。

其實，有為數不少的領導者不熟悉電子通訊工具。先前說過，這種溝通模式是遠端

領導的一大挑戰，因為工作上十分仰賴數位化溝通。同樣地，之前我們也提過應該要把精力放在「使用什麼」，而不是「如何使用」，重點是必須完成工作，而科技則是其中不容忽視的一環。

有時候我們會覺得科技很新很彆扭，這時要告訴自己出現這樣的感覺並沒有關係。許多領導者（尤其是資深世代）之所以難以駕馭科技，有以下三種原因：

- **看不到痛點**。過去沒有這些工具時，大家也能做得不錯，所以領導者不是低估了科技的重要性，就是抗拒學習新科技。
- **過程「並不自然」**。多數的領導階層並不是數位原住民，他們屬於比較年長的世代，並不如團隊成員那樣熟悉科技，[1] 於是往往會覺得自己能力不足，起碼自信心會受到打擊，因此即使手邊有許多的工具也不願意使用。
- **科技不斷在改變**。科技日新月異，領導者工作上已經分身乏術，無暇顧及最新的小裝置和小創新，於是可能會形成惡性循環，而離善用工具促進溝通與組織管理越來越遠。

請記得，「逃避」工具並不是可行的選項。想要建立信任關係，想要清楚溝通或是有效開會時，都需要動用到身邊的科技。要為對的工作（兼顧豐富程度與觸及範圍）選擇對的工具，發揮它們最大的效益。如果不使用科技輔助，便是搬石頭砸自己的腳。

誠實面對自己：可能你真的無法成為科技工具方面的專家。麻省理工學院史隆管理學院（MIT/Sloane）與凱捷管理顧問（Capgemini）的研究指出一個矛盾而重要的議題：[2]一直以來，面對科技能夠得心應手的領導者在其他的領導面向也會獲得比較高的評價。然而，有很大一部分的領導者（應該是大部分的領導者）卻無法自在、自信地面對科技。假如工作上需要科技幫忙，但你卻不怎麼上手，或甚至根本沒有在用科技輔助，那麼你的工作觀念就落伍了，真真正正地被時代拋下了。

好消息是，你不需要是團隊裡最會使用科技、數位權限最高的管理者，但你「確實需要」掌握可以達成目標和維持信譽的技能。可以這樣想：你很清楚需要溝通的內容是什麼，所以必須選擇最適合的工具，有效運用它們來完成溝通目的。

本章中，我們會討論工具類型與大致分類，但不會太深入細節。原因部分在於我們並沒有偏好任何工具，與客戶合作時大部分的工具我們都會用到；另一部份的原因則是，實際上通訊技術的生命週期都很短。

或許讀者在看這本書的時候，有一些特定功能或品牌名稱又消失了，所以我們只討論一般性的原則。你需要知道的是，九成的協作平台都有相同的功能，只是名稱與標記不同而已。舉個重要的例子，每種平台通常都有白板功能，你只需要知道這點，知道有這項功能可以輔助，而且能夠學習如何好好使用就可以了。

開始進入工具討論之前，我們先定義好兩種不同的溝通類型，好讓大家能夠善用工具，助自己一臂之力。

■「非同步通訊」讓人在需要的時候能夠取得資訊。大家分散各地工作時，需要建立中央訊息庫，供人隨時查閱。這很像一間虛擬的「檔案室」，擁有多種存放資料的方式，而且扮演著重要的角色，錯過會議或是正在睡覺的夥伴可以在需要的時候，與其他時區正在工作的同事以同樣的方式得到同樣的資訊。

■「同步通訊」屬於即時溝通，人人會同時參與。這是你最熟悉也最自在的方式，畢竟人從誕生下來就開始了這樣的溝通模式。不過，以現在跨區工作的狀況來說，同時集結所有的人幾乎不太可能（線上會議室或實體會議室都不太可能）。大家都必須放下手邊的工作，需要優先處理的工作可能也需要先擱在一邊。這時，開會成了重要任務的絆腳石，打斷了節奏，而不是幫忙提速。

工作上，科技可以是推力，也可以是阻力。選擇對的方法使用對的工具時，便能夠找到負責可靠的方法，打破時空限制，達到公開透明。

下面的清單絕對無法涵蓋所有的工具。這裡要再次說明，每天都會有新的產品上線。請不用再擔心或是抱怨資訊部門提供的某項工具了，因為那很有可能就是「完成工作」的好幫手，如果能夠善加運用，便能運轉順利。如果真的覺得少了點什麼，可以把這個章節拿給資訊部門的主管看看（或是買本紙本的送給他）。

非同步工具

想到職場溝通時，很自然地會聯想到兩個以上的人同步與對方「交談」的真實畫面。然而，假如夥伴遍布各地，團隊全天候運轉，距離和時差往往會造成大家的時程不一致，這時會越來越依賴非同步工具，讓所有人不必同時出現也能共同參與，譬如說：

影音訊息與語音訊息

領導者需要看到大家，也需要大家看到他。想到非同步工具時，腦中浮現的通常會是以文字為主的類型（留言板、電子郵件）。不過，即使是臨時公告也可以增加一些豐富的色彩，像是影片可以為溝通增添視覺元素，這時，不一定要使用公告型的語音訊息，可以按下「錄製」按鈕，製作影片同樣能夠十分簡單。宣布重大公告時，製作精良又畫質清晰的影片自然是好的，可是現在智慧型手機十分方便，而且臉書、社交軟體Snapchat等平台深入大眾生活，你已經沒有理由不偶爾露個臉了。事實上，以建立信任關係而言，日常的輕鬆互動與重大的溝通場合一樣重要。

你可能會把語音訊息存在團隊的內網中（等等會再多加討論），但其實也有不少空間可以安全地儲存影音檔案，或是可以請資訊部門建置一個只有自己人可以進去的資料庫。

如果不習慣看到自己出現在影片中，開啟網路攝影機會很不自在，請努力克服。團隊會不會使用某項工具的主要原因，就是老闆會不會使用那項工具。如果你告訴大家要開鏡頭，因為這樣很重要，可是自己卻不開，就不用期待夥伴會聽話。

共用檔案位置

想像有間檔案室存放著團隊所有的文件，只是你不需要在積滿灰塵的箱子裡翻找資料，想打開最新版的文件就像點擊連結那般簡單。協作平台SharePoint、共同編輯工具Google文件、專案管理工具Basecamp等服務提供了中央整合的共享空間，可以永久儲存檔案，簡便好用，容易搜尋。

如果大家有需要時隨時都能取得所有的溝通資訊，如電子報、行銷電子郵件以及其他文字與影音資料，領導者便能輕而易舉地做到公開透明。即使大多數的人都不會好好利用這類工具，你也可能需要下一點功夫才能說服大家開始使用，可是做到資料完全開放，就已經是為建立信任與信守承諾跨出很大的一步了。

電子郵件

沒錯，電子郵件屬於非同步工具（雖然使用起來經常不是這麼一回事）。假設今天你寄出一封電子郵件，接著開始敲著手指等待回覆，那麼你使用電子郵件的方法就不對了。事實上，這樣會讓對方很不舒服，還可能會拉低產能。想像一下，你寄出電子郵件後團隊的大家會怎麼想，你希望他們放下手邊的工作立刻回覆你嗎？回信有沒有比準時完成其他重要工作重要呢？回信有沒有比夥伴間彼此承諾要完成的工作重要呢？如果需要對方即時回覆，可以選擇更同步的工具，如：電話、簡訊或是即時訊息。

請這樣使用電子郵件，才可以發揮最大的效用：

- **你需要大一點的觸及範圍**。你需要一大批人（以同樣的方式）同時收到相同的訊息。
- **你需要留下訊息的永久記錄**。電子郵件很適合拿來記錄溝通內容，永久留存。隨便找一位律師問問都知道，如果不想留下永久記錄，請不要使用電子郵件。記住，電子郵件具有法律效力。
- **你需要傳遞完整的訊息**。可以試試「頭、心、手」的溝通模型，先寫出想要分享的資訊（訴諸邏輯），對大家的影響（展現同理與理解），清楚點出希望大家針對新資訊採取的行動（實際步驟與時間軸）。如此一來，收到信的人便會瞭解事實，你也能表達同理，與讀者產生情緒上的連結（提高認同的機率，鼓勵對方提問並回饋），也回答了他們重要的問題：「所以現在我該做什麼？」

同步工具

當然，縱使所有的人都十分投入當下的即時溝通，他們往往也不一定會處在同一個空間。這就是同步工具派上用場的時候了。

網路攝影機與視訊對談

這邊討論的不是預錄好的語音訊息（雖然我們可以輕易地錄下並儲存大多數的視訊談話）。日常溝通中，我們常常低估了網路攝影機和影片的效用，這可是遠端一對一的好工具，能讓人看見並被看見。對領導者和團隊來說，定期使用網路攝影機可以從多方面協助完成工作。

許多人認為網路攝影機最佳的用途就是「公告」訊息，這點確實是很管用沒錯，不過，用在個別溝通時可能還更有效益。不論使用的是哪一種工具，比起團體討論的場合，單獨對話時大家更能夠比較自在地開啟鏡頭。說真的，如果考量到「豐富」溝通所帶來的價值，肢體語言、語調口吻、眼神接觸不正是私人對談中十分核心的元素嗎？

從團隊的角度來看，透過鏡頭正是他們和你進行有效溝通的機會。請記住，他們想要好好看到你的人，好好聽到你說的話，內容越豐富越好，而他們也需要有效地傳達自己的想法、擔憂與資訊給你。我們能用耳朵聽到別人在電話中表示同意，也能用眼睛看到對方表示同意時臉上興奮的表情或是極其苦惱害怕的神情，聽到和看到並不能相提並論。這時也能讓別人將你視為一個真實的人，而不是電子郵件裡毫無靈魂的名字，也不是預錄影片中無法親近的角色。讓夥伴看到你在家穿著普通的襯衫或是人在機場還在努力地工作，也不是什麼壞事。畢竟你也是個人。

對你這位領導者來說，看到說話的對象能夠產生三種寶貴的價值：

■**優化溝通**。你之所以溝通，是為了獲得資訊、分享資訊，是為了釐清下一步的行動，所以確認自己有沒有明確傳達了想法非常重要，結果是不是自己想要的、有沒有符合期待也不容忽視。如果沒有視覺線索，你的建議可能聽起來會像是命令，無法得到必要的回饋，也無法針對該項目去發問或調整，甚至無法好好下決定。這並不是什麼好的開始。

■**減少孤獨**。你會「覺得」孤單，不只是因為站在領導者的位置，同時也因為在虛擬的世界中真的是孤身一人。你和別人的連結程度越高，彼此的關係便會更加緊密，也比較不會感到孤單，而且你的夥伴也可能會有相同的孤寂感。

- **建立信任**。溝通的豐富程度越高，就越容易創造信任感。相反地，少了視覺元素的話，信任關係會發展地比較緩慢，信任基礎也會比較薄弱。

開啟網路攝影機不是什麼大不了的事，只需要在裝置上按個按鈕就行了，可以是簡單的視訊軟體FaceTime或是臉書Live直播，也可以是Skype這類的工作工具。請好好使用手邊的工具。

有個好方法可以克服不想開啟鏡頭的障礙，那就是培養新的習慣，可以在安排會議時，盡量多問一句：「請問你想用電話討論還是視訊討論？」用開放式提問讓對方選擇即可。許多團隊成員都願意抓住與領導者建立連結的機會。另外，使用這些工具也能顯示，你這位領導者嫻熟於科技（管他真的還假的，別人不會知道的），能順帶增加個人信譽與團隊透明。

我們的團隊運作一直都十分透明。幾年前，作者凱文覺得在公司裡使用網路攝影機，可以讓遠端團隊的對話品質增加，於是要求所有人都要裝上一支。想當然爾，會有人不願意，不過凱文並沒有堅持人人都必須開啟鏡頭，他讓大家自行決定要不要開、什麼時候開。有些人開了，有些人沒開。不過，有時候凱文會覺得，親眼見到對方比較能促進討論，所以涉及事關重大或是複雜困難的主題時，他會要求大家都開視訊。說到這裡，一切都還好，對吧？

這項決策無意間產生了另一種影響，每當要視訊會議，團隊就開始猜測：是不是代表事情不妙了？要宣布壞消息？畢竟通常大家可以自由選擇，可是凱文是老闆，他規定有些重要會議必須開鏡頭，所以，視訊應該就等於壞消息，是吧？後來公司經過好幾次來回試誤之後，把政策調整為一般對話和重要討論都使用視訊。所以到現在，視訊已經不等於「大事不妙」了。

文字訊息（簡訊）

文字訊息和即時訊息都屬於同步文字工具，所以常常被歸類在一起，不過我們認為應該要獨立看待，它們可以、也應該運用在不同的情境。

訊息非常管用，因為承載的裝置十之八九會是隨時不離身的手機。因此，觸及範圍需要很廣的訊息效果會很明顯（不是受眾很多，就是速度很快）。

當然，一般來說簡訊還是和手機搭配得最好，換成其他裝置效果不一定會出來。也就是說，大家必須隨時隨地可以拿到手機接收（以及回覆）訊息。

看文字訊息時，往往是匆匆讀過，所以常常會誤解原意。根據電信服務商威訊（Verizon）的調查，百分之八十五的人表示會在浴室裡回簡訊，[3]而我們的研究則顯示，剩下百分之十五的人並沒有實話實說。文字訊息可以很快引起注意，可是不太適合要求細節和細緻的內容（或許還會造成問題）。

請記住簡訊的特性：

- **簡訊可以是工作的助力**。團隊每天有很大一部分的溝通靠的就是傳訊息。
- **你的位階會產生權力**。無論你的本意是什麼，每一則訊息裡的要求或指令都會像是一道命令。合宜的語調和禮節至關重要。
- **很趕時間的話，簡訊會非常管用**。現代人都像是被制約了似的，已經被訓練到會立刻回覆訊息。如果你尊重他人的私人時間，期待他們只在特定的時間才會查看訊息，那就別傳簡訊，否則大家會停下手邊的工作去看訊息。訊息的內容最好值得他們打斷手邊的工作而特別去看。如果並沒有重要到需要立刻回覆，那就要小心了，因為其他人可能會覺得你管太寬，或是你太愛發號施令。

如果團隊成員是在家工作，你傳簡訊說「有空嗎」，不管有沒有空，大多數的人都會回「有空」，因為你是上司。也許訊息看起來真的是想要詢問資訊（你真的想知道他們有沒有時間談談，也不想打擾其他更重要的工作），但在其他人的眼中，他們並沒有選擇的餘地。如果你問的是「有時間聊聊嗎」，一定要表明你是真的想知道他們方不方便。盡量少用「你現在有空嗎」，多用「等等我要開會，需要一些資料，有空討論一下嗎？還是什麼時候比較方便呢？」沒錯，訊息會比較長，可是溝通會更明確，是真心好奇的詢問，而不是心照不宣的命令。

即時訊息

即時訊息通常屬於溝通模式底下的小分支，用於跨平台對話。譬如說，我們只能用手機傳簡訊，但是任何裝置都可以用即時通訊軟體Slack（我們團隊的即時通訊工具）傳訊息。

雖然簡訊可以輕易引起團隊成員注意，且簡單的問題可以得到簡單的答案。不過，即時訊息還有許多好處：

- **可以使用真正的鍵盤**。我們大部分的人用鍵盤打字，比較能夠詳細清楚。
- **你比較不會同時做很多件事**。雖然在多頭燒的忙碌時刻還是可以傳簡訊，可是用即時訊息長時間交談還是會吃掉更多的注意力。
- **大家會關掉通知**。如果訊息不需要立刻回覆，即時訊息會比簡訊理想，因為可以把通知關掉。一般而言，大家會覺得即時訊息與工作相關，把應用程式關掉、登入時再看訊息的做法阻力會比較小。
- **即時訊息能夠與工作整合得更加緊密**。即時通訊軟體可以十分輕易地連結檔案、電子郵件以及其他傳送資料的平台。雖然簡訊還是可以連接文件，但是用即時訊息傳送附件絕對會更加省事，而且用電腦打開文件複製貼上也更容易。

總體來說，如果想要進行同步深入的對話，需要連結到參考資料，那麼即時訊息會是很好的選擇。

電話與電話會議

雖然電話是陪伴你在商場上打滾成長的工具，但它並非永遠都是最具效益的選項。

電話可以隨身攜帶，拿起來講也花不了多少時間，還能得到豐富的語言與聲音線索，而且現在大家無時無刻都和電話綁在一起。

不過，電話也有一些限制，有時候別人可能會聽得不太清楚，有時候接電話的場合沒辦法自在地好好說話，有時候對方也可能一邊在做著其他的事情。如果正好機場在大聲廣播，正在開車轉上高速公路，正等著咖啡師宣布你的雙倍焦糖豆奶不加奶泡拿鐵做好了，人都會無法好好集中注意力講電話。

電話會議難以讓所有與會者都擁有同等的發言機會，甚至可說是難以收集到任何發言，這點可說是出了名地糟糕。一方面，有些人似乎占用了太多時間，可是你想多聽聽其他人的想法；另一方面，有些人可以輕易地完全隱身不參與討論。這都是可以克服的障礙，只是你必須積極地邀情大家參與。

當然我們不是想直接把電話或是電話會議從清單上劃掉，尤其是想要快速找到對的人的時候，它們能夠派上用場，只是或許還有其他更豐富更理想的選項，像是我們清單裡的下一個工具。

視訊會議

視訊會議工具是電話會議以及一對一電話非常好的替代方案，只是有個很大的限制，那就是做法必須有效才行，可是目前看來大家並不是每次都有做到這點。普遍來說，大家只使用了視訊會議工具百分之二十的功能，如果我們都同意這句話，那麼便可以假定視訊工具的效用只露出了冰山一角，非常浪費。

目前市面上據稱已有一百多種線上會議的相關服務，我們並不是樣樣精通，你也不必成為專家，只需要知道多數工具都有類似的重點功能，意識到有這些功能的存在，清楚如何利用這些功能為會議增值就可以了。功能包含：

- 網路攝影機
- 白板，可以放置重要資訊，刺激腦力激盪，促進共同作業
- 聊天室，讓人家輸入想法，確保發言都能被聽見
- 投票或意見調查
- 即時傳送檔案，儲存共享資訊

假如不知道這些功能的話，可以問問公司內部或團隊裡面比較熟悉工具的夥伴。如

果每天工作都會用到這類功能，那麼請那位高手擔任導師教學，這樣會是很好的做法。

知道這些功能的存在十分重要，這樣才能夠將會議的豐富程度與成員間的協作程度極大化，但這並非規定你必須親自操作所有的功能。事實上，如果領導者分神處理網路會議的枝微末節，很可能會看到討論出現一片靜默，造成時間管理不佳，產出的結果不甚令人滿意。

分心會影響我們的開會表現，想像你開車進到一個不太熟悉的社區，在尋找地址，而外面下著傾盆大雨，你會怎麼做呢？你會把收音機音量調低，才能「看得」更清楚。這是很自然的舉動，人類大腦能夠處理的刺激量有限，於是忙碌時會切斷比較不重要的功能。進行線上會議時，我們也往往會預設要使用最少量的功能，因為負擔太大的話，整套工具無法發揮最大的效用。

即使你很清楚會議該長什麼樣子，也知道該如何應用各種功能達到目標，光是點選這些功能本身就非常累人了。這時，你可以請其他人幫你「開車」，也就是說，請某人負責確認白板上的字都沒寫錯，確保所有人都看得到投影片。這樣一來，你就能專心聆聽，推動討論，請人發言，把精力集中在重點任務上。

你需要瞭解手邊的工具能提供什麼樣的功能，並花費資源投資工具，這點十分重要

（畢竟你或公司需要支付費用）。你自己並不需要成為科技專家，誰按下按鈕不重要，團隊達成目標比較重要。只是如果領導者沒有樹立好典範，便難以達成目標。

當面接觸

豐富程度最高的溝通是一對一當面對話，有了數位聯繫的管道，並不代表就不需要當面談了。想想這幾個問題：什麼情況下你應該去見見團隊夥伴呢？值得投資多少精力和費用在這上面呢？帶來的效益可能會遠遠超出成本效益分析的結果。團隊遠端工作時，不代表完全不需要面對面接觸，努力爭取經費與資源去和夥伴見個面吧。

如何達成目標

這個章節是以你身為領導者作為出發點，討論如何選用工具以及使用工具的時機。話雖如此，但我們談的不只是領導者，還有團隊。如果希望科技在大家身上都能發揮最大的效益，那麼人人都需要參與科技工具的對話。從上層下達指令「我們要用這個工具」時，往往會遇到阻力，建議邀請團隊討論什麼樣的情況要使用哪一款工具，如此一來，大家會找到適合自己的做法，團隊也能建立基本的規則與期待，共同決定科技的用法與時機。這樣參與度會提升，使用率會增加，過程中的抱怨也會比較少。請記得，不會所有的決策都能順著你的意，也不會所有的選項總是你喜歡的那種，但工作就是如此。

暫停一下，動動腦

▼你最習慣的工具有哪些？
▼你最不習慣的工具是哪些？
▼需要藉助工具時，它們能如何幫溝通加分？
▼有誰可以是你的工具導師或科技老師，教你更能運用自如呢？

線上資源

更多資源請前往：LongDistanceLeaderBook.com/Resources

如果想讓電話會議更有效果，請跟我們索取「電話會議清單」（Conference Call Checklist）。

如果需要尋找適合視訊會議的功能，請跟我們索取「線上簡報清單」（Virtual Presentation Checklist）。

---

1 Gerald C. Kane, Doug Palmer, Anh Nguyen Phillips, David Kiron, and Natasha Buckley, "Strategy, Not Technology Drives Digital Transformation," MIT Sloan Management Review (July 14, 2015), https://sloanreview.mit.edu/projects/strategy-drives-digital-transformation/, and Michael Fitzgerald, Nina Kruschwitz, Didier Bonnet, and Michael Welch, "Embracing Digital Technology: A New Strategic Imperative," MIT Sloan Management Review (October 7, 2013),https://sloanreview.mit.edu/projects/embracing-digital-technology

2 Kane, et al., "Strategy, Not Technology," and Fitzgerald, et al., "Embracing Digital Technology," MIT Sloan.

3 "True Wireless Confessions: How People Really Use Their Phones," Verizon, April 2015, https://cbsdetroit.files.wordpress.com/2015/06/true-wireless-confessions-june-2015.pdf.

第四部

小結

所以呢？

- 在邀請團隊參與這個面向，哪裡是你做得最好的地方呢？
- 在邀請團隊參與這個面向，哪裡是你可以更加優化的呢？特別是針對遠端工作的夥伴。

然後呢？

- 有什麼明確的行動和步驟可以更有效地邀請團隊參與呢？
- 什麼時候會開始行動？
- 會需要什麼樣的協助？

■打算從哪裡著手切入？

第五部
瞭解自己的狀況

第五部
簡介：瞭解自己的狀況

你如何引領自己的生活，也影響著你如何帶領旁人。

麥可・海亞特（Michael Hyatt），湯瑪斯・尼爾森
出版公司（Thomas Nelson）創辦人兼前執行長

先前談過領導力側重的兩個焦點——「成果」（想抵達的目的地）與「他人」（協助我們抵達的人）。現在要來談的是領導核心，也就是「自己」。這方面比較不好談，有幾個原因：

- 人普遍不善於處理自我意識。
- 我們有「自我感」。有些人太過自大，有些人自尊則不太充足。
- 這議題本來就是煩。如果你想問本書有沒有必要用整個部分的篇幅來談，我們答

案是：沒錯，就是有必要。

開始囉。

要是你秉持「僕人式領導」的精神，你會把自己擺最後一位，或至少在其他利害關係人後頭。如同先前在「三個O領導模型」那邊說過的，這是唯一能真正帶人的方法。極端一點的話，太側重他人讓你想當聖人，犧牲了自己身、心及社交的幸福。要是你積了很多假沒休，或是老公、老婆常抱怨你帶家人度假，同時卻不忘工作，你就懂我們在說什麼。

假設你是「發號施令」型的領導者，只要碰到無法即時掌握狀況並確認一切有獲得你同意的話，你就會氣急敗壞。你一直索求數據、資料，但這會干擾員工辦事。想要去緊盯每道細節非常累人，況且大家也不願意追隨愛事事干涉的人。這作風也會讓人不喜歡與你共事。

最糟的情況是，你拚命想當好僕人式領導者，又怕控管得太嚴，所以不斷懷疑自己，表現出舉棋不定、事情交代不清，又優柔寡斷的樣子。

無論你想要成為哪一型的領導者，若想追求理想的團隊成果，又能與成員健康互動，那麼一定要注意「自己」這項變數。疲憊、孤立的領導者，更不可能拿出多少成效。

我們要誠實面對自己的狀況，照顧好自己。綜藝天后歐普拉（Oprah）說過一項核心準則：要先照顧好自己，才有心力照顧別人。如果你身心靈充滿壓力且能量耗弱，就不能真正體認自己對他人帶來的影響。這麼一來，不管你和團隊工作地點在哪，都無法有效領導。

我們的調查顯示，多數人表示他們在遠端領導方面大部分做得挺不錯，而面臨到的挑戰通常不出下列三方面：

- 溝通以及確保對方理解訊息
- 期限還沒到之前就有效掌握工作狀況，因此能降低壓力，提升成功率
- 指導和管理人員績效

這些課題是領導者的重要職責。如同我們研究顯示，許多領導者在成果方面沒有問題，但擔心提供給團隊成員的支持力量不足，而且不太肯定其他人覺得自己表現是好是

壞。

況且，誰只想甘於「多數情況還算過得去」的程度？

第14章

獲取真誠意見回饋

法則14：尋求意見回饋來加強成果，並且嘉惠他人還有自己。

優秀人才都把意見回饋當精神食糧。

肯恩・布蘭查（Ken Blanchard），管理學專家兼領導力書籍作者

妮可想成為優秀的領導者。她認真工作，努力跟進最新的領導力實務作法。但費盡心力卻只換得挫折和迷失。她想知道自己的狀況如何，也時常懷疑自己。到頭來，她還是不清楚自己成效到哪。這讓她又更氣餒了，還重挫她的自信心。

帶領遠端團隊的人員時，你通常無法立即得到所需的回饋來調整大方向。身為領導者，要是欠缺底下員工定期給的真誠回饋，很容易一頭栽入不合適的事項，或是忽略了不願面對的真相。這樣會導致的後果，從顏面掃地到做出註定失敗的決策都有可能。對

人員提出要求時，要是能當場看見對方驚恐的表情，可會讓你改變想法。在會議室或實體辦公室裡，常能看見那種神情，但講電話或用電子郵件聯絡的話，大概是沒辦法。領導者能用哪些機制來得到有助於判斷決策的參考資訊？

取得意見回饋

領導者的職責不只是提出大方向，還要能設想小細節。人腦不斷運作，每小時都會產出好幾百個思緒，其中有些確實有價值（「我們要推出新的品牌塑造方案」），有些只是空想（「在丹佛開設辦公室會怎樣？」），還有很多是荒謬（「弄個翹鬍子造型很酷吧？」）。這些構想需要精鍊、挑選之後才能執行，而要這樣做，就需要取得意見回饋。

有一名很有聲望的主管，每次從外地回來辦公室都讓員工怕得要死，因為她經常劈頭就說：「那個啊，我搭飛機的時候讀到一篇文章……」她在搭乘班機時常會讀到一些引發她思考的事情。然後她就開始天馬行空發想下去，還在心中演練各種的情境，會去設想各種可能性、實行過程、帶來的結果，還有最後成功的樣貌。等到她抵達辦公室，就會開口暢談新點子，叫大家去做。

當然隨時都會有新計畫，其中有些也非常棒。問題是，新計畫很可能跟先前正在執行的重要事務或計畫互相衝突，或是會造成一些意料之外的後果。下屬總不好直說「拜託妳幫幫忙，以後不要在搭飛機時讀東西啦！」，所以頂多只能開口提：「我們能不能先停下來、考慮一下？」通常這些構想後來就作廢了，或至少限縮到比較處理得來的規模。還好她是個理性且抱持開放態度的人。

我們不是要你都別去創發新點子或對構想抱持熱忱。只是，務必要先分享這些想法，得取意見回饋，而不是直接單方面下令，結果嚇壞團隊，跟他們產生隔閡，讓他們不知所措。

聽取對的聲音

當然，腦中浮現各種聲音時，你聽到的不只是正面、適合實行、能帶來靈感的聲音，你也會聽到負面的自我對話和悲觀想法，導致你喪失動力。若能擺脫自己的思想迴圈，並聽取他人意見，就能克服負面思惟。要是你多數時間都是獨自行動，這樣的互動就很少了。

團隊在遠端地點時，一定要費心跟他們談談，可是遠端對話的特點就是公事公辦且直接切入重點。領導者「沒有請求團隊成員提出意見」的現象就已經很不好了，甚至還常遇到「團隊成員不願意提供意見」的情形，然後，遠端距離又讓這種風氣更糟糕。

「獨處」和「孤單」是兩回事。科學家表示，獨自思考是有效用的好事，因為我們需要時間來思考、做做白日夢、放鬆心情、重振精神。但長時間與他人隔絕的話，會嚴重影響到我們的行為、心情，甚至是健康。就連最內向的人也需要一些人際互動。本書已多次提到，你要重視這種隔絕狀態，而且不是只有自己，更要留意團隊成員有沒有陷入這種狀況。所以，你要保持警覺，經常刻意請大家給予回饋，而且不是只針對你提的構想，也要問問他們對你的整體觀感。

最後提醒一下，致力奉獻也關愛眾人的領導者，有個缺點就是容易壓抑自己的需求，結果太關心他人的事，反而沒顧好自己。

數據與脈絡

調查發現，很多受訪的領導者都苦於「如何獲取良好資訊，以做出決策和擬定策略」。請注意，資訊（information）分兩種：數據（data）和脈絡（context）。數據的取得相較簡單。上個月售出多少件？顧客喜歡我們最新推出的產品嗎？我們組織能否順利招募適任的人？這些問題都能用數字來作答，且不管你和團隊成員人在哪裡，都有機會能取得這項資訊。且科技讓取得資訊更輕鬆。

另一種資訊是脈絡，也就是要解讀原始數據，轉化成真正實用的資訊。譬如，這個月賣出兩千五百個產品，平時的正常銷量是一千個，那就是好消息；如果通常要銷出五千個，這個月就不對勁了。不過，這都還算是偏數據方面的資訊。人的感受呢？團隊成員是充滿幹勁又滿心期盼，還是很氣餒且意志消沉？你很可能要根據員工反應來調整該採取的行動及溝通方法。

你想發表一篇激勵士氣的演說，但這篇演說到底是會讓大家燃起希望，還是讓大家充滿挫敗？在寄發電子郵件或召開全員大會前，要先確認好你的預想。我們對數據和脈絡的接受和反應狀況，都會影響自己及團隊成員的行動。那領導者要從哪裡掌握脈絡？通常就是從回饋中得來。

你在巡廠房或站在辦公區的正中央，當然能感受到團隊的氣氛。要是你在總部辦公室裡，最近的團隊成員在五百哩外，那就只能根據對情境的感受、幾個電子郵件會話群組，或跟某個成員簡短對談所聽聞的內容來下結論。尋求成員的回饋，能大幅提升你的溝通和領導效能。

尋求資訊和回饋

面臨挑戰時，我們自然的反應就是找一小群信得過的人，問問他們「覺得如何？」這樣沒錯，但還不夠。記得我們說過權力不對等的情況必然存在吧？要是你在員工面前表現出一副權威樣子，他們對你有顧忌（例如你可以開除他們），那麼在回答時多多少少會做些修飾。

電視實境秀《臥底老闆》（Undercover Boss）精彩演繹了這一點。節目中，公司執行長喬裝成普通職員來觀察真實狀況，並在沒有位階權威的阻隔下徵求意見。此時領導者通常會因為自己聽聞的內容感到很驚訝（無論看到的是好是壞），開始擔心自己平常到底有沒有接觸到真實的情況。

這也不是什麼嶄新的概念。《一千零一夜》的故事裡就講到，有些睿智的蘇丹王會便衣夜巡，來探知城裡的真實狀況，道理是一樣的：就算你是個慈愛的國王（自認的，或事實上真的是這樣），在領導者的位子上要取得真誠回饋都不簡單。但如果欠缺回饋，你又怎麼確知自己的想法對不對，怎能有效評估決策，並用最有效的方式來促進成果、支持成員呢？

領導者向團隊成員徵求對自己的回饋時，要記住幾件事：

■**先從既存證據著手**。在找成員來談話之前，先去看看相關的檔案、郵件會話群組和會議記錄。大家感想如何？他們對你做的事情和決策有什麼想法？

■**找出可信任的人**。別把「可信任」與「你自己看順眼、什麼都跟你說好」的人混而一談。可靠的訊息來源很多，包含永遠對你實話實說的人（無論你地位高

尋求團隊成員的意見回饋，能大幅提升你的溝通和領導效能。

低）、關心你也希望你成功的人、擁有專業技術的同事（而你缺乏這些技術），還有能掌握利害關係人（員工、顧客或監管人員）第一手資訊的人。請注意，要是這類人選很少，尤其是在團隊中沒有這種人的話，就不對勁了！回顧信任三角形，然後自己誠實檢討問題出在哪。

■**使用開放式提問**。就算你真心誠意發問，你還是個「上司」。對方會預想，既然你問，就表示你覺得可行；或者你用狐疑的口吻，對方知道你心裡存疑，所以覺得要跟你一起抱持懷疑態度才對。比較好的問法是：「根據你所聽聞的內容，這件事哪方面可行？可能會遇到什麼問題？你覺得大家會怎麼反應？為什麼？」問法要有能自由回答的空間，而不是已有預設答案。

■**用PIN技巧來尋求回饋**。這三個英文母代表正面（positive）、引發興趣深究（interesting）、負面（negative）這三個要素。你自己要運用這個技巧，也要多鼓勵成員用這個技巧，就能得到更多真誠的答覆，你也比較容易接受得到的回應。

• 正面。從正面描述這個構想、情境或行為的優點和價值。先從正面開始，比較不會一下就激起對方的戒心，也比較能提升對話的效果及資訊的用處。
• 值得深究。情境或構想有點複雜時，就需要進一步討論，這通常也能用來建立回饋對談時的信任感。用中立的態度討論有趣的點，並找出自己不知道的事，或大家心裡的想法。

- 負面。正在討論的構想、行動或行為，有什麼負面的問題？表達出反對立場、負面後果和疑慮。一旦給過正面肯定，對方就比較願意聽取異議或阻礙。

這個技巧練越久效用越大。經常拿出榜樣，領導者開始用這方式回應提問，團隊的溝通方式就會跟著潛移默化。

■**盡量讓對談內容豐富**。用電話和人溝通時，看不見對方翻白眼、眼神飄忽。若你想要得到回饋和可以參考的意見，就要運用我們前面討論到的工具。排定對談時段，規劃出充足的時間，並使用你能調派的工具。多利用視訊鏡頭、通話功能和會議輔助工具。

■**長期持續對談**。如果你要討論的事情真的很重要，員工要能在對談前後都能思考，才有辦法拿出最佳表現。想要得到好的見解，就該讓人能事先做預備，才能坦白真誠地溝通。（隨時想到就隨時提出要求，這樣無法引發對方深入思考，因為大家別的事情正處理到一半。）可是，你是不是常常結束通話才發現有事情沒想到，或是覺得要是換個方式講更好？運用非同步的方法如電子郵件（或共享資料夾或文件，讓大家想要的時候就可以自由去更新，之後也很方便查找），就能讓大家加強原先的想法，也讓你有機會再去檢視和重新評估回饋。

領導者可以透過三百六十度評估來知道團隊成員對自己的看法。這種方法不但可以向團隊、同儕和上司蒐集匿名回饋，也可以使用在客戶、供應商等外界的利害關係人身上。許多企業都利用這個方法來檢視自己的流程。這裡要提醒幾個要當心的事項：

■一定要真的匿名。
■得到的數據資料品質，取決於你提問得好不好。

因此，許多領導者和企業會尋求公正的第三方來進行調查。其實，取得調查結果之後隨之而來的教練工作，比調查本身更重要。這個過程會花費一點時間，但就像蘇丹王和許多「臥底老闆」一樣，發現的結果可能讓你大開眼界。

暫停一下，動動腦

▼你從他人身上是否獲得足夠的回饋？

▼你回饋的品質有多大把握？

▼你有經常尋求回饋嗎？

▼誰會給你真誠回饋？

▼你對回饋的開放程度是高或低？

第15章

個人信念與自我對話

法則15：檢視你的信念和你的自我對話，因為這兩件事就是你領導模式的根據。

自尊是我們給自己的風評。

納撒尼爾．布蘭登（Nathaniel Branden），作者

納森的績效向來優秀，後來受拔擢成為領導者。雖然他不太確定自己的領導技巧，但他的團隊有達成任務，因此他自認做得還不錯。資深領導階層更是看好他的表現，所以再次幫他升職，要他負責帶領三個國家的人員來做以前從沒親自做過的事。他晚上睡不著，不知能否經起這個考驗，也擔心別人會覺得他無法勝任。他真的有機會成功嗎？

好的領導者需要擁有健康的自我觀感。畢竟，要是你覺得自己做得不好、沒實力、不能適任，當初大概就不會得到這個職位。但是，除非是精神狀態有問題，否則正

常人不會天天想著「我最棒，我做的一切都很好」。

電影《木偶奇遇記》裡有個角色是蟋蟀吉明尼（Jiminy Cricket）。雖然他講話很掃興又愛嘮叨，但他會提醒小木偶：要是做出某些行為，就無法變成真正的小男孩。小木偶有時會聽他的話，經常只當耳邊風，但至少吉明尼可以讓小木偶不要一意孤行。

基本上，吉明尼的角色就是個「御夫」（auriga）。御夫是羅馬皇帝的僕從，根據傳聞，其職責就是在大型公開場合站皇帝身後，並在耳邊說道：「記住，您只是凡人」（memento homo），免得皇帝自以為受到群眾擁戴，大肆展現權力。這個角色不討喜，但很有貢獻。

要是御夫充滿負能量而愛唱衰，總說著「你是笨瓜，沒人愛你」，沒有提供「確定真的要這麼做嗎？」這類有益的警告，那麼凱薩大帝說不定就沒有動力來做出艱難抉擇。

我們對自己的信念，會決定我們能多麼成功。我們的信念，會被我們的自我對話塑造、強化。我們當然應該提問，但老是想著負面的事，把自己搞得身心俱疲，那就不對了。自我對話的好處是，你隨時都能改變對談內容。

以下是幾個不良的自我對話，並說明如何把這種對話導引到正面：

■「你這笨蛋，那個想法糟透了。」聽到內心出現這種聲音，你不妨當個叛逆的青少年，回嘴道：「是誰說的？」你可以回歸到中立的事實面思考：有什麼證據能支持或否決自己的想法？你不笨，那個點子也沒有糟糕到「透」。

■「我辦不到。」用字遣詞很重要。「沒辦法」是對事實的陳述，也就是說事情不可能完成，因為違反了物理界的自然定律（譬如我「沒辦法」徒手舉起一頭大象）。要是你灰心到說出自己辦不到某事，不妨把字詞改成「我還沒想出要怎麼做」或「到目前為止，我還沒能辦到這件事」，這樣意思就完全不一樣了。改變用詞，既承認狀況艱難，但也未排除成功的可能性，繼而改變你內心的動力。這也代表你需要在別的地方求援，或許是要換個方法去解決問題。如果你卡在「我沒辦法」，就看不清這一點。你絕對無法徒手舉起大象，但你可以用繩索和滑輪機制幫忙。你嘗試的方法不成功，不表示目標本身達成不了，只是表示你要暫停一下，重新思考。碰到內心的「不行」、「絕對沒用」、「不可能」時，道理也都一樣。

■「我能力不足，是個冒牌貨，遲早會被揭穿。」估計有百分之七十的領導者，會感受到這種「偽冒者症候群」（impostor syndrome）。[1]有幾個簡單的技巧有助於對抗這頭怪獸：

- 檢視你的預想。面對「我真的做不到嗎？」這個問題，不妨回答：「誰說的？」
- 接受正面回饋。其他人說你很聰明或是能幹，相信他們說的，不要推辭或忽略。要是他們沒看見任何優點，哪會說這些話？
- 求援。記住，再頂尖的高手，也會向其他人尋求協助、回饋和解答。
- 想想過去的成功。你以前成功過，將來也會再取得成功。回想過去遇到的類似難關，還有當初是怎麼應對的。
- 對待自己的做法，要等同於你對待其他能幹的人。你會說別人「根本廢材」或其他更難聽的話嗎？不會，因為這樣說只會讓情況更糟，也處理不了真正的問題。而你聽到針對你的這種批評時，也請忽略。
- 我只是目前運氣好。拉斯維加斯的賭場能一直開下去，靠的就是很簡單的道理：人的運氣有限，而且沒有所謂的真正強運。不要貶低自己過去的表現或成功。

發現自己陷入這類負面的自我對話時，可以抽離一下，去散個步或做件不太需要用腦的瑣事，想想過去的成功，問問自己正面的問題。上一章介紹的PIN技巧對領導者自己還有員工都很有用。

還有一個回應自我對話的好方法，就是先別對自己說話，而是找別人說說話。可以跟某個團隊成員排定教練通話，或跟舊同事聯絡敘舊，要不然就是打電話給老媽，聽見她因為接到你電話而高興，你也會精神百倍。

人需要刻意做出決定，才會與外界的他人連結，自己正沉溺在負面情緒的時候更是如此。但是，就連小小的社交互動也能讓你跳脫自己腦中迴圈，重新補滿勇氣和自我價值感。

暫停一下，動動腦

▼你對自己的領導者角色有什麼自我信念？

▼這些信念能帶來幫助，還是會阻礙進度和成效？

▼你多常因負面的自我對話而動搖了信心或決策過程？

▼你陷入負面自我對話時，能立刻做什麼來把能量導往正面方向？

---

1 Pauline Rose Clance and Suzanne Imes, "The Imposter Phenomenon in High Achieving Women: Dynamics and Therapeutic Intervention," Psychotherapy Theory, Research and Practice 15, no. 3 (1978), http://www.paulineroseclance.com/pdf/ip_high_achieving_women.pdf.

第16章

設下合理界線

法則16：接受自己無法一手包辦所有工作的事實，而且本來就不該這樣。

沒有人生活隨時維持完美平衡。要天天主動去選擇自己的優先要務。

伊莉莎白・哈塞爾貝克（Elisabeth Hasselbeck），《觀點脫口秀》（The View）的主持人

艾莉森是人妻和兩個幼兒的媽，她努力工作當上專案經理，也對自己的成就引以為榮。她住在芝加哥，工作上要和紐約、舊金山還有印度新德里的團隊聯繫。溝通是一個大考驗，艾莉森常要配合對方的時差而和對方通話，讓她的孩子和老公都難以接受，而且她自己也很想要多多陪伴他們。她覺得自己像被榨乾了，也知道如果想要保住工作、享有生活，就非得要找個可以兼顧的辦法。

關於領導，常有一些老掉牙的說法，包含：

- 己所不欲，勿施於人。
- 不能互踢皮球。
- 事情不是我做的，但我還是要負責。

以上每句都有些道理，所以才會流傳下來。問題是，在這個時代，工作沒有真正停下來的一刻。我們常聽人說，商務是一年到頭、每日每夜、無時不刻都在進行。不過，就算商務不會停止，你是凡人，不可能那樣做事。

現在你面臨的大考驗，是要在「對組織及團隊成員負責」，還有「照顧好自己」之中取得平衡，這樣你才能高效履行領導職責，正常顧好自己的各種角色，包含普通人、配偶、伴侶、鄰居或能對社會有所貢獻的一員。

一九五〇年代，穿灰色法蘭絨西裝的人（the Man in the Gray Flannel Suit）話題盛極一時。這個形象就是刻板印象中的紐約上班族，把所有心力都投注在事業上，隨時進進出出辦公室，回到家卻沒有好好盡責。[1] 這通常會造成家庭破裂，最後也會危及到他本人。但在那個年代，商業活動都是在同一個城市或是同一時區中進行，也沒有電子郵件或是手機，所以時間到了還是會打烊。

現在，日子的界線變模糊了。波士頓辦公室晚上下班時，你就可以換去處理舊金山的事，然後再跟某個在新加坡的業務談話，還有，誰搞得清楚班加羅爾現在幾點了？但是，波士頓員工又來提問了……然後就沒完沒了了。

我們的調查顯示，許多受試者自認沒有替私人時間設下界線。他們沒有限制自己回覆來電或電子郵件的時段，因為大家都仰賴著自己。他們也曉得自己沒有好好注重家庭生活，事業與家庭無法兼顧，不管怎麼做都有人會失望，包含自己。

今日全新的虛擬遠端工作環境中，如何讓成員找得到你，又維持個人生活的平衡，就是很大的挑戰。在家工作讓你更常能待在家人身邊，但如果你的孩子參加球賽時，你在場邊忙著回信，錯過他得分贏下比賽的瞬間，那有什麼用？優秀領導者對自己的期望特別高，因此更難維持好工作與生活間的平衡。

要怎麼確保自己有照顧到私人時間、家庭職責和個人健康，同時又把工作做好？你把對自己的標準拉高了，而這個高標也會落到其他團隊成員身上。記住，不是每個人工作風格都要跟你一模一樣，況且你的行為也不見得是最好的榜樣。還有，遠端成員能實際觀測到的行為較少，所以你的每個行動都容易被放大檢視。他們會從你身上看到什麼行為，然後經過放大後效法？

工作職責有殘酷的現實面：若你已是公司不可或缺的人，公司少了你幾小時（或幾天）就不行，那這樣就不對了。想想這個簡單的問題：萬一我明天被車撞，團隊要怎樣運作？

這個問題會迫使你去檢視：哪些事情害你劃不清公、私界線。

■**團隊成員知道自己該做什麼嗎**？如果大家不斷找你商量決策或取得批准，請想想原因是什麼。他們不知道自己該做什麼的話，可能就該來培訓和教練一下了；要是他們知道自己該做什麼卻還跑來找你，是因為信心不足嗎？還是你常常質疑他們，所以他們不如都先請示你再說？務必要讓員工有能力來做決策和採取行動。

■**你是唯一能提供解答的人嗎**？部下需要資訊常會找上司，但通常是因為不知道還能找誰，或覺得其他資源不可靠。身為領導者的你，有沒有讓大家瞭解能去哪求助，並鼓勵他們善用這類資源？還有，他們詢問時，你是為了顧面子而回答，還是想給實質幫助？要是你沒有主動鼓勵員工彼此依賴與協助，就等於讓他們更加依賴你。如果你們團隊還沒有線上非同步的資源中心（共享檔案、SharePoint等等），現在就該考慮補強囉。

■**你在各個職位都有安排適當的人嗎？**要是你晚上已經下班，卻還在怕另一個城市的愛麗斯會處理不好事情，你又能怎樣？你可以親自幫助愛麗斯做到讓你安心好眠的程度；你也可以換個人做。如果你對團隊成員放心不下，就會乾脆自己出面，然後原本上健身房的計畫就泡湯了。

■**你有好好守護自己的時間嗎？**說好了太晚就不能碰電子郵件，但真正實行起來又不一樣了。如果你要去參加小孩的聖誕節扮裝大會，所以有三個小時無法回訊息，員工知道這段期間會聯絡不到你嗎？他們不知道你要忙什麼沒關係（不過，跟他們分享也不錯，還能樹立典範），但如果你更新狀態、用語音留訊等工具讓

> 若你已是公司不可或缺的人，公司少了你幾小時（或幾天）就不行，那這樣就不對了。

人知道狀況，就能減輕大家一些壓力。要是他們知道你的行程，大概就不會在你忙的時候傳來即時訊息、簡訊和電子郵件。還有，要是你因某些狀況而在特殊時段回覆電子郵件，請告知大家不用跟你一樣，或表明不用立刻回信。

■**你在度假期間還會回電子郵件和接電話嗎？**有很多人度假期間也會擠時間來回信。問題是，這樣會讓你沒有真正抽離工作。度假還打算辦公，根本就只是換成去海灘遠端工作。

暫停一下，動動腦

看看組織的作業慣例和工作流程，哪些事情其實不用你親自出馬？有哪些情況你參不參與都不要緊？沒有的話，能想辦法做到這點嗎？組織中還有誰能分擔一些職責？我們在第八章講過工作分派，但這裡要再強調一次。分派順利能讓團隊迎向成功，也能給你一些自由來設下有益的公私界線。

▼你自認有在公事和私事間設下良好（能守住的）界線嗎？
▼具體來說，哪些公事占用了你的私人時間？
▼你能做什麼來減少那些佔用你私人時間的公事？
▼你目前正在做什麼其實能交給別人做的事？
▼能交給誰？
▼承前題，要怎樣能把職責交給他，且確保事情能辦好？
▼你要怎麼讓組織中的其他人知道這件事？
▼你要怎麼去強化這件事？
▼你需要什麼協助？

1 While the term has become commonplace, it refers to the title character of the 1955 novel The Man in the Gray Flannel Suit by Sloan Wilson. Gregory Peck starred in the 1956 movie of the same name.

第17章

設下個人先後順序考量

法則17：為了當一個優秀的遠端工作領導者，請讓你的優先順序取得平衡。

我發現，人能做到任何一件事，但沒辦法做全部的事……至少不可能同時進行。所以在考量要務時，要想的不是做哪些活動，而是在哪些時機做。時間分配決定一切。

丹．米爾曼（Dan Millman），作者

唐納德是資深的銷售主管，他苦幹實幹當上國際銷售副總裁。他欣喜萬分，很自豪能達成自己的職涯目標。他的小孩已經長大離家，照理說他有很多空閒時間能專注把工作做好。可是，他卻沒有應有的喜悅感，因為覺得很累，而且現在明明是業績旺季，他卻發現自己無精打采，缺乏應有的熱情。團隊成員抱怨他讓員工太操了，也沒有好好聆聽他們的疑慮。他兩度延後自己的度假計畫，讓老婆也跟員工一樣心生不滿。這應該是

他事業如日中天的時刻，但他的心情完全不是這一回事。

讀到這邊，應該已經很熟悉我們強調的「要把自己擺最後」。確實，「成果」和「他人」應該排在「自己」前面，但這不表示我們要拋棄自己的人性、健康還有理智。自保，不等於自私。

我們先從價值觀講起。人的價值觀決定自己真正重視哪些事情。我們不是要規定你該有哪些價值觀，而是要你釐清自己的價值觀。

什麼事對你來說很重要？

問問看自己重視什麼，誠實作答。你將會發現，時間管理的阻礙多半都是自己一手造成的。每個人擁有的時間一樣多，問題是要怎麼使用。時間管理實際上就是「選擇」管理。要是你搞不清楚自己的價值觀，就沒辦法明確決定要怎麼運用時間。

知道自己的價值觀，才能安排好優先順序。例如，要是你需要心靈調適，星期日看財報就不是個好主意。如果你要做做運動來提振心情和工作產能，那就去健身。留給自己一些時間，並不會讓你整週的工作心血全都化為烏有。

做出改變，拿回生活掌控權，這件事不容易。首先，你要讓員工知道怎樣跟你相配合效果最好。舉個簡單例子，要是你的電子郵件信箱大爆滿，那就可以鼓勵大家協助你區隔訊息的重要程度，一定要你本人讀信和回覆的，就把你放在「收件人」欄，如果只是要知會一聲，或不用立刻採取行動的，就把你放在「副本」欄。這樣你就能把時間花在重要的事情上，大家也不會期望你回覆他們寄發的每封信。

你可以列出自己重視的項目，問問自己：我滿意自己分配給每件事情的時間嗎？不滿意的話，找出能用來做這些事情的小時段。以下是常見的項目：

- 運動
- 陪伴配偶
- 送小孩上床睡覺（或是出席小孩的球賽和朗誦會）
- 靈修

> 自保，不等於自私。

■與朋友往來
■閱讀和自我精進
■投入嗜好

嗜好和放鬆的休閒，比你想得還重要。能讓你暫時抽離工作的休閒活動，往往也能激發出好點子，讓你變得更愉快、好相處。這些都不是什麼新觀念，不過，你以前聽過這講法，不等於你真的懂得如何守護自己的私人時間和精力。否則就不會像現在這麼失衡和壓力大了。

暫停一下，動動腦

▼你身為領導者，最近有什麼最引以為傲的事蹟？
▼在與工作無關的私人生活中，哪件事讓你自豪？
▼你應該要分配更多時間給自己私人生活中的哪些事？

第五部
小結

所以呢？

■針對「幫助他人達到你希望的成果」這件事，你自認預備程度如何？

■在照顧自己這件事上，你能改變哪個面向來讓自己對他人發揮最大貢獻？

然後呢？

■你能採取什麼行動，讓自己對領導一事更有自信？

■你能採取什麼行動來照顧好自己？

■你打算何時開始？

■你需要什麼協助？

第六部
培養遠端領導人才

第18章

培養遠端領導人才的關鍵問題

法則18：你的領導力培訓，必須要能夠打造出遠端工作模式的即戰力。

領導最大的使命是他人的成長與發展。

哈維．泛世通（Harvey Firestone），泛世通輪胎與橡膠公司（Firestone Tire and Rubber Co.）創辦人

奧黛麗在跨國科技公司的培訓部門工作，眼前她有個難題。一方面，有些經理人反應需要培訓部門的協助，幫助他們帶領遠端工作的夥伴。另一方面，高階主管打算限縮培訓預算，他們認為目前的領導培力不夠有效。奧黛麗正在思考是不是需要完全翻新既有的領導培訓課程，還是可以調整現有的做法就好，不用多此一舉重新設計所有的培訓內容。

不論你是想增進自身領導力的部門主管，還是主持大型企業學習與發展的負責人，我們都想要再多分享一些策略與方針來協助大家擬訂計畫，在遠端工作的團隊中培養優秀的領導人才。

思考領導培力時，我們認為需要納入這三組問題：

■你希望公司成為什麼樣的組織？現有的企業文化符合你心中的願景嗎？
■你期待遠端領導者有什麼樣的行為呢？有哪些技能需要補足呢？
■在培訓、支援遠端領導這方面，你有什麼計畫？公司會如何支援遠端工作的夥伴呢？

現在把問題拆開，一組一組細細來看……

你希望公司成為什麼樣的組織？現有的企業文化符合你心中的願景嗎？

遠端工作的狀況與理想的企業文化如何銜接，需要有明確的概念。不管你有沒有規劃要往這個方向走，遠端工作或異地辦公已經是現實了。我們鼓勵各位想一想，遠端工作對你們公司的現在和未來有什麼影響和啟示。

每間公司都有自己的文化，文化就是「我們在這裡做事的方式」。大家分開工作時，實際的工作方式可能會和你心中希望的企業文化完全不同，而且這點很容易想像。

你也有自己的文化。或許不是刻意形塑而成，也可能不是你想要的風格。不過，在遠端協作與異地工作的情境中，如果不去定義想要的團隊文化，很可能最後的結果會和預期的完全不同。

大家都在同一個地點上班時，相對起來要定義並維持文化會比較容易。從停車位的分配到門上的標誌系統，從牆面的顏色到休息室裡大大的企業宗旨文字，大家都能看到、聽到一致的訊息，有意無意間都在不斷地接收訊號。

如果執行長和員工在同一個地方停車，同樣要在雨中走上一段才能到辦公室，那麼這家公司的理念可能包含「不把職位高低擺第一」。然而，如果是在家工作，員工從來沒看過執行長被雨淋濕了衣服，可能就不太相信「職位不分高低」那一套，而當執行長提出要求時，員工會倍感壓力。企業必須有意識地傳達一貫的訊息，否則很可能會培養出不符期待的文化。

綜觀整個商業史，從來沒有哪個時期像現在一樣，同時有這麼多人分散在這麼多地方工作。所以有些公司的遠端團隊模式會成功，有些公司會失敗，這其中並沒有什麼簡單的妙招。最近有個例子便是最好的證明。

二〇一七年，IBM（這間長期精心經營企業文化的公司）宣布即將停止部分員工在家辦公的政策。[1] 起先，聽起來IBM是要召回所有的員工，但事實上這項變更只影響了百分之二的員工，而決策的原因與團隊文化有關。

IBM 的某些部門非常重視協作，強調分享想法，來回討論，以彼此的點子作為基礎向上發展。這在專案小組和跨域團隊中尤其明顯，可是異地工作的互動效果比同地上班差。雖然我們可以告訴IBM他們完成的工作變多了，可是絕妙的新點子確實變少了。

在缺乏引導的狀況下，只剩工作裝置相伴的遠端工作者會變得非常任務導向、非常獨立自主。如果這就是你需要的夥伴，那就沒問題，如各自作業的客服人員、負責賣出配額產品的銷售人員。不過，如果你希望大家彼此合作，建立緊密的連結，雖然在虛擬的世界一樣能做到，可是從經驗來看，必須花費極大的心力才能達到效果，這點不管是對整個企業或單一部門來說都是一樣的。IBM原本以為只要分配任務和工具給有腦袋的人，他們就會主動攜手完成工作，關係便會自然而然地建立起來，可惜事與願違。

你可以說IBM反應過度了，但類似的狀況Yahoo、蘋果和其他企業也碰到過，他們同樣建立了遠端工作的機制，同樣沒有預想到工作型態帶來的改變和對團隊的影響。這些例子並不是要控訴遠端工作的不是，也不是要建議大家遠離遠端工作的型態。相反地，正因為有這些失敗的案例，恰好能夠重新檢視公司政策，也恰好能夠改變做法，將員工拉回辦公室上班。

企業文化藍圖必須透過工作流程來加以實現，譬如說，假設今天需要科技的輔助才能打造強健的遠端專案管理團隊，那麼請問你的績效考核有沒有反應出這點呢？為數眾多的領導績效都列出了「溝通技巧」，但同時考評卻幾乎不太看重使用工具的能力。如果領導的核心能力包含促進腦力激盪與意見交流，那麼他們是不是有接受相關的培訓，好好補足線上會議和電話會議缺乏的能力呢？還是他們只需要登入會議室、回覆電子郵件、表示自己人有出現就可以了呢？

大家常常會引用管理大師彼得・杜拉克（Peter Drucker）的話：「把好的人才放在不好的制度底下，每次贏的都會是制度。」如果有心想要發展組織文化，不只需要教育並賦權領導階層，還需要組織內上上下下同心協力，一同形塑理想的行為。來看看幾個明顯的例子：

■人資。組織的績效管理系統能夠真實反映當前的工作情況嗎？支援系統（如學習管理平台、年度績效考評）能夠反映遠端領導與遠端合作需要的額外技能與動態變化嗎？在家工作的評量、獎勵、升遷機制與辦公室上班的機制一致嗎？如果公司希望召開視訊會議，那麼公司願意投資網路攝影機與耳機讓會議更加有效嗎？

■資訊技術。資訊部門會一手打理全部的技術決策與相關訓練嗎？如果是這樣運作的話，可能會衍生出意料之外的文化問題，譬如說，如果資訊部門想顧及內網頻寬，便可能會指示大家都不要使用網路攝影機。你希望看到未經通盤考量的決策出現嗎？還是你會希望在決策之前先開啟實質的對話，兼顧你想要的企業文化面以及領導階層對實際執行面的期待呢？

我們諮詢的客戶中，有太多公司會基於舊有框架或是錯誤假定，去限制員工可以做和不可以做的事情，但這些框架和假定並不符合實際的工作內容。有個客戶的資訊部門選擇了一款線上培訓平台，他們認為十分可行，不幸的是，這款平台在防火牆外無法使用，所以在家工作或是跨國工作的夥伴便不得其門而入。事先如果可以多聽聽使用者端的聲音，就能夠避免類似的問題。

你期待遠端領導者有什麼樣的行為呢？有哪些技能需要補足呢？

我們建議你先從自己能做的開始，接著運用第四章談到的遠端領導模型的三個齒輪來建構對話，討論遠端領導產生的狀況與變數。不妨從下面幾個面向開啟對話。

領導與管理

拿這本書的概念去對照你的領導能力清單，問問自己：

- 現有的能力模型能夠精準反映出你對遠端領導者的期待嗎？
- 如果不符合，有什麼問題需要處理呢？
- 對於遠端領導的能力期待，你需要表達得更清楚、更明確嗎？

帶領團隊遠端工作表示你需要額外的技能和特定的知識。在你說「有啊，我們有舉辦培訓與溝通工作坊」之前，先想一想在這個新的環境中，能夠幫助你成功的因素在哪裡，包含培訓、授權、溝通、主持會議、建立關係、設定目標等等。處在領導位置的人必須看清楚遠端工作與特定技能的態勢變化，才能夠針對差異進行協調並調適。

假如你的領導階層並沒有這些學習資源，你應該要提供，而且需要包含不同的學習方法，如：傳統的教室授課、線上培訓與數位學習、自主學習，或者是混合多種學習模式。

工具與科技

工具與科技是從傳統領導轉換到遠端或線上領導最直接的關鍵齒輪。仔細想想下面的問題，你對公司遠端領導者的期待將會更加明確。

■你想要他們使用哪種工具？何時使用？這會是豐富程度和觸及範圍的取捨議題。大家知道要如何使用通訊軟體Skype、線上會議服務WebEx、協作平台SharePoint或是其他工具嗎？這裡說的「使用」可不只是啟動應用程式而已。請依照這本書的建議提供領導者期待與指南。

■「有效使用工具」的意思是什麼呢？這包含了工具操作（他們知道要按哪些按鈕

嗎），也包含了協助他們善用Skype、WebEx等工具去強化參與、深化互動以及有效開會。增進關係與領導品質比技術面向更加重要。

技巧與影響力

工具要發揮效用，必須先知道合宜有效的使用時機。

■你的領導團隊知道如何發揮工具的關鍵影響力嗎？我們必須瞭解領導者該拿出什麼作為，該擁有什麼工具，這點非常重要。不過，重點還是在善用工具，如果對於使用科技沒什麼信心，領導起來便無法得心應手。

■大家有機會練習使用工具嗎？應該要在沒有壓力的情境下開始練習，接受訓練，接收回饋。光靠軟體授權附贈的線上教學並無法建立信心，企業的技術投資無法獲得最大效益的主因就在這裡。

在培訓並支援遠端領導這方面，你有什麼計畫？公司會如何支援遠端工作的夥伴呢？

如果上面的問題都有答案了，那麼你已經準備好開始擬定遠端領導者的發展計畫了。我們很常看到的是實際上並沒有真正的計畫，整個組織和個別參與者是在缺乏完整情境與明確目標的情況下，便決定要「增加新課程」，或是「派某個人」去參加工作坊。

請注意我們並沒有把「訓練」放在問題裡，我們是刻意這樣做，因為我們相信「發展與支援」的重點應該是在學習，不單只是訓練。以學習為導向時，你會做以下三件事：

■**結合學習與工作**。有時客戶會希望我們舉辦企業內訓的實體課程，傳授如何帶領團隊遠端工作。當然我們可以這樣做，不過，如果要教大家如何使用某項科技進行有效溝通，那最好的方法，豈不就是讓大家來操作這項科技、學習善用它嗎？若不這樣做，就有點像是在健身房裡教人學游泳了。如果能夠配合學員的習慣做法，直接將學習與工作結合，學習的速度會最快、效果會最好。同時也要務實，如果內網頻寬與公司政策不支援網路攝影機，如果VPN無法穩定地連到公司伺服器，那麼遠端有效溝通的課程便毫無用武之地。如果關鍵績效指標也無法反應遠端實務需求，那麼在工作坊鼓勵大家攜手協作便只會是白費氣力。

■**設計多元的學習方式**。假如公司的員工組成多元，散布各地，跨越時區，行程各異，學習相關技能的方法是不是也應該呼應公司多元的體質呢？請務必提供同步與非同步工具給遠端團隊的所有成員。

■**建立學習流程**。我們認為訓練是單次的活動，而學習是連續的過程。如果希望大家學以致用，光靠單次的活動並不足以改變習慣，也不足以建立接觸新事物的信心，就像只參加琴藝工作坊是學不好鋼琴的道理是一樣的。學習技能需要時間，只學一次是不行的。因此，可以也應該將（個別的或團體的）培訓與指導納入領導發展計畫之中。

當然，我們這樣說或許並不客觀，不過，我們認為雖然你不想要將這些活動全部外包，你也不太可能想要交由內部包辦，因為遠端技能和工作情境的細微之處，與培訓部門流程的訓練並不相同。

最後，雖然資訊部門往往會和技術教學綁在一起，但讓他們當老師還是有其他問題要留意：

- 只有示範是不夠的。真正有效的科技教學需要融入情境、示範、應用與持續訓練。單單找個科技專家（但不是教學專家）來錄製操作過程，把檔案分享出去並不是訓練。你的資訊部門真的有資源和專業能夠教大家帶著走的科技力嗎？
- 資訊的重點在於工具，而非情境。資訊部門可能不會理解帶領團隊使用工具的重點，利用線上會議工具WebEx分享螢幕畫面進行技術支援以及利用WebEx領導和溝通是非常不同的兩件事。任何使用工具的訓練都必須搭配情境，讓大家知道如何應用在真實場域。
- 他們真的知道嗎？雖然資訊部門是技術人員，但不代表他們能夠正確地使用工具。我們甚至常常看到許多人在商務用Skype上已經不算新手了，卻還是不知道這個軟體厲害的功能如意見調查、白板。我們這樣舉例只是想要點出，技術人員可能不是培訓領導人才的最佳人選。

遠端團隊

這本書圍繞著領導力發展，但我們也必須談到遠端團隊成員，因為他們需要支援與額外技能。這樣才能完整地討論如何成功帶領團隊遠端工作。只有當所有人對實際運作的認知一致時，團隊才能高效運轉，譬如說，不該只和領導階層分享「信任三角形」，卻把團隊夥伴排除在外。

想想這些問題：

- ■遠端工作的夥伴瞭解組織的任務、願景、目標與策略嗎？他們知道要如何透過自己的工作實現這些概念嗎？（記住，遠離辦公室和工廠工作時，便無法完整地接收到工作場所千變萬化的線索與提示。）
- ■所有夥伴都明確知道公司對他們遠端工作的期待嗎？
- ■他們具備工作上必要的技術能力嗎？
- ■他們具備遠端溝通、建立關係以及增進信任的技能嗎？

■他們有進修管道去補強缺乏的技能嗎？

或許最重要的是，你自己對於這章問題的答案有多大的把握？如果你還在讀這本書，就表示還在思考要如何幫助領導者成功地帶領團隊遠端工作。說到底領導者還是需要一支成功的團隊，才能邁向成功，請務必當領導團隊的後盾，提供必要的支援與發展機會。

暫停一下，動動腦

前幾章的結尾都會要你「暫停一下，動動腦」，看看自己，也看看團隊。第六部分的重點不同，我們拉到組織的層次來反思，所以可能會需要跨部門討論，我們很鼓勵這樣的對話以及後續的行動。

▼你理想的組織文化是什麼？

- ▼遠端夥伴會如何影響文化願景呢？
- ▼為了塑造企業文化，需要改變什麼樣的行為呢？尤其是遠端工作的夥伴。
- ▼你期待遠端領導者具備什麼樣的行為和技能呢？
- ▼遠端領導者有什麼技能和知識需要補強呢？
- ▼你有什麼學習資源和教材能夠確實反應遠端領導者的需求呢？
- ▼（除了培訓部門之外）應該由公司的哪個部門或區塊來主導領導發展計畫呢？

線上資源

更多資源請前往：LongDistanceLeaderBook.com/Resources

想找出公司裡遠端工作最需要加強的技能與知識，請向我們索取「組織科技評量表」（Organizational Technology Assessment）。

想獲得更多協助與想法，請前往 RemoteLeadershipInstitute.com。

1 John Simons, "IIBM, a Pioneer of Remote Work, Calls Workers Back to the Office," Wall Street Journal, May 18, 2017, https://www.wsj.com/articles/ibm-a-pioneer-of-remote-work-calls-workers-back-to-the-office-1495108802.

尾聲

寫在結束閱讀之前

法則19：當一切都不管用時，牢記法則1吧。

若沒有持續成長與進步，改善、成就、成功等字彙就會失去意義。

班傑明・富蘭克林（Benjamin Franklin）

這本書也即將走到尾聲，但我們希望你的工作才正要展開。

書籍本身並不是多重要的存在，這不是什麼虛假的自謙之詞，我們只是想要帶入正確的情境。如果我們該做的都有做好，那麼這本書應該要做到下面二件事，甚至是三件事：

■**本書教育了你**。畢竟你讀的不是韋恩寫的小說（沒錯，他寫過一些小說，去

Google 吧）。你拿起這本書，希望學習遠端領導新知，開啟新視角，想要確認一路走來的決策都十分「正確」、合理，甚至可能還是最佳典範。

- **本書啟發了你**。缺乏啟發的教育只是枯燥的練習，這裡並沒有對以前的老師有不敬的意思，可能學校的一些課程確實讓你學到了知識，但卻沒能帶給你多少啟發。我們希望現在的你充滿了希望，更加地有自信，覺得領導行為具有價值與分量，尤其是在距離讓情況變得更加複雜的此時此刻。
- **本書娛樂了你**。雖然比起前二件事，這點（或許）沒那麼重要，但我們可以大膽地說，如果缺乏娛樂元素，前二件事也不會存在。畢竟以前你看過多少書是在討論建造金字塔，一九六〇年代的足球球員，或是阿爾巴尼亞克萊茲默音樂呢？我們的「遠端領導機構」（Remote Leadership Institute）以及「凱文．艾肯貝瑞集團」（Kevin Eikenberry Group）部分的核心理念就是學習可以十分有趣，也應該充滿樂趣。

不過老實說，我們還期待著第四件事的發生，也就是這本書的真實目標。

■本書讓你動起來。教育、啟發，甚至是娛樂都是很有價值的目標，不過這些都只是過程目標，終極的「結果」目標是「應用」，你必須起身行動。如果此後你提供回饋時沒有多費一點心思，不去學習更有效地運用科技，沒有幫助其他人達成設定的目標，那又有什麼意義呢？

凱文的書《卓越領導力》（Remarkable Leadership）曾經獲得非常高度的讚美：「看得出來這本書是由培訓講師執筆，他會不斷地鼓勵你去嘗試所學的事物。」我們兩個人都深深以作為老師、培訓講師、學習引導師為傲，我們都在課堂上（或是網路攝影機的另一頭）投注了無數的時間，協助世界各地的學員學習新技能與新方法，好能更有效領導、更有效溝通。我們會動筆寫下這本書也是希望你工作時可以發揮更多技能，提升效能，拉高自信。

可是，這終究只是一本書。

現在，真正（重要）的工作才剛要開始。

如果看完這本書後，你可以帶著工具和自信去放手嘗試，我們會非常開心、非常驕傲、非常榮幸。

或許這本書已經快要結束了，但我們想要幫助遠端領導的決心依舊堅定。

每個章節的結尾我們都附上了線上資源的連結，上面的評量表、檢核清單以及其他工具都提供了紙本書籍無法提供的資源。只有閱讀這本書的人才能取得那些資源，請好好利用，這是我們提供資源的初衷。

請去看看 RemoteLeadershipInstitute.com，上頭會有新的想法、新的工具、最新的概念等等。一直以來，我們都致力於協助領導人才有效地帶領遠端團隊。

進到網站後，可以找到聯絡我們的連結和電話號碼，和其他作家一樣，我們十分樂意傾聽各位的聲音，聽聽還沒回答到的問題（希望可以提供一些想法），也想知道我們的文字有沒有造成了什麼改變。總之，我們想要繼續有效遠端領導的話題。

希望各位一切順利，也在此致上我們的敬意。現在，回到工作崗位，繼續更有效地帶領團隊遠端工作吧。

國家圖書館出版品預行編目資料

帶領遠端團隊：跨國、在家工作、自由接案時代的卓越成就法則 / 凱文．艾肯貝瑞 (Kevin Eikenberry), 韋恩．圖梅爾 (Wayne Turmel) 合著；陳依萍，陳映廷譯．-- 初版．-- 臺北市：遠流，2020.07
面；　公分
譯自：The long-distance leader : rules for remarkable remote leadership.
ISBN 978-957-32-8811-4(平裝)

1. 領導 2. 組織管理

494.2　　109007701

帶領遠端團隊

跨國、在家工作、自由接案時代的卓越成就法則

The Long-Distance Leader: Rules for Remarkable Remote Leadership

作　　者 凱文・艾肯貝瑞（Kevin Eikenberry）、韋恩・杜美（Wayne Turmel）
譯　　者 陳依萍、陳映廷
行銷企畫 謝珮菁
執行編輯 陳希林
封面設計 陳文德
內文構成 6 宅貓

發 行 人 王榮文
出版發行 遠流出版事業股份有限公司
地　　址 臺北市南昌路 2 段 81 號 6 樓
客服電話 02-2392-6899
傳　　真 02-2392-6658
郵　　撥 0189456-1
著作權顧問 蕭雄淋律師
2020 年 07 月 01 日 初版一刷
定價 新台幣 360 元（如有缺頁或破損，請寄回更換）

ISBN 978-957-32-8811-4
YLib 遠流博識網 http://www.ylib.com E-mail: ylib@ylib.com